아이의 잠재력을 이끄는 반응육아법

0~7세 자녀를 위한 반응적 부모 코칭

아이의 잠재력을 이끄는 반응육아법

0~7세 자녀를 위한 반응적 부모 코칭

| 김정미 지음 |

한솔수북

자신감 있고 행복한 아이로 키우려면
반응적인 부모가 되라!

'좋은 성적을 받는 것만으로 우리 아이가 성공적인 삶을 살 수 있을까?', '지능이 높으면 우리 아이가 행복한 삶을 살 수 있을까?', '나는 우리 아이를 잘 키우고 있는가?' 등 대한민국 부모라면 이런 생각을 한번쯤은 해 보았을 거예요.

부모들은 누구든 '우리 아이를 잘 키우고 싶다'는 소망을 갖고 있습니다. 부모 자신의 성취도 중요하지만, 그보다 아이가 보여 주는 성과물에 더 뿌듯함을 느낄 테니까요. 그래서 부모라면 '우리 아이를 어떻게 하면 잘 키울 수 있을까'라는 물음의 해답을 얻고 싶어 하고, 그 명확한 해답을 얻기 위해 여러 채널을 동원하죠. 많은 전문가들이 내놓고 있는 부모 지침서와 부모 교육에도 관심을 기울이고요.

그런데 진정 아이를 잘 키우려는 목적이 무엇인가요? 이것을 깊이 생각해 볼 필요가 있습니다. 아이가 건강하게 자라는 것, 발달도 잘 이루어지고 제때에 말도 트여서 다른 사람과 원활히 소통하고, 나이 수준에 적합한 이해력을 가지며, 이후 학교에 다닐 때는 좋은 머리로 우수한 성적을 받고, 사회에서는 자신의 강점을 잘 발휘하는 어른이 되는 것이 많은 부모님들이 체크하는 사항일 것입니다. 그런데 과연 그것만이 아이를 잘 키우는 것일까요?

아이를 1등으로 만드는 것이 아니라 1등으로 키워 주는 것

얼마 전 유년시절에 IQ 210으로 유명했던 한 천재에 대한 기사를 읽었습니다. 그는 1살에 한글을 떼고 3살에 한자를 익히며 4개 국어를 하고, 10대에 미국 NASA에서 일을 했고, 미국 유명 대학에서 석박사 과정을 이수했습니다. 똑똑하기로는 세계 3위에 올랐고 아인슈타인보다 높은 지능 수준이라고 합니다. 그러나 정작 그의 삶에서 찾아볼 수 없는 한 가지는 또래관계, 또래문화였습니다. 사실 미국 석박사 과정을 이수했다고는 하나, 실제로 졸업장은 없어서 서류상으로는 무학력자였지요. 그래서 한국에 돌아와 검정고시를 거쳐 지방대학에서 다시 석박사 학위를 취득했고, 공무원 생활을 하다가 지금은 어느 대학 교수로 살고 있습니다.

이 과정을 보며 사람들은 그를 '실패한 천재'라고 이야기했고, 이것은 그가 가장 듣기 싫어하는 말 중 하나였다고 해요. 세간의 평가에도 불구하고 그는 스스로를 '행복한 천재'라고 표현했습니다. 이제 부모가 된 그는 영재교육에 관심이 많은 부모들에게 다음과 같이 조언합니다. "부모는 자녀가 관심 있어 하는 부분을 찾아 주어야 한다."고 말입니다. 또한 부모의 역할은 아이를 1등으로 만드는 것이 아니라 1등으로 키워 주는 것이라고 당부합니다. 여기서 '1등'이 아니라 '키워 주는 것'이 중요합니다. 그는 지극히 평범한 삶이 가장 행복하며 자신이 평생 평범한 삶을 목표로 살 줄은 몰랐다고 이야기합니다.

아이를 잘 키우기 위해 부모로서 무엇을 해야 할지 다시 생각하게 하는 기사였습니다. 그러면 처음 질문으로 돌아가 볼까요. 자, 우리 아이를 잘 키우려면 어떻게 해야 할까요? 우선 아이를 잘 키운다는 목표부터 재점검해 봅시다. 앞선 이야기에서 천재 소년이었던 그가 평범한 삶을 목표로 삼고 있다는 말은 거꾸로 생각해 보면 평범한 삶이 가장 행복하다는 말일 수도 있습니다. 아리스토텔레스는 《니코마코스 윤리학》에서 "인간이 꿈꾸는 최선의 삶은 인간에게 주어진 역량을 최대한 계발하여 발휘할 수 있게끔 삶을 꾸미는 것"이라고 했습니다. 그러니까 아이가 자신의 역량을 잘 드러낼 수 있도록 부모는 옆에서 도와주기만 하면 됩니다. 우리 아이가 무엇을 가지고 있는지 보세요. 절대로 우리 아이를 남들의 시선에 맞추어 보아서는 안 됩니다.

어떤 생물들은 인간보다 훨씬 뛰어난 능력을 가졌습니다. 잠자리는 전후좌우와 상하를 모두 볼 수 있고, 개미는 자기 몸무게의

50배 이상을 들 수 있지요. 파리는 공중에서 180도 회전하여 천장에 붙을 수 있습니다. 하지만 인간은 어떤가요? 인간이 그 생물들을 모방해 만든 물건조차 그 재능을 따라갈 수 없는 실정입니다. 예컨대 같은 굵기의 강철보다 6배나 질기고 유연성도 좋은 거미줄 한 가닥은, 인간이 만들어낸 어떤 섬유도 따라가질 못하지요. 그렇지만 여전히 인간이 만물의 영장 노릇을 하고 있는 까닭은 무엇일까요? 인간은 한 분야에서 뛰어난 재능 대신 모든 분야를 학습할 수 있는 능력과 다양한 반응에 대응하는 능력을 지니고 있기 때문입니다. 그러니 인간의 능력을 최대로 발휘한다는 것은 바로 다양한 능력을 잘 조직하고 적용하는 것이라 할 수 있습니다. 그런데 아이를 키우면서 자칫 어느 한 가지 잣대만을 성공의 지표로 삼고, 어른의 잣대만을 적용하여 끌고 가고 있지는 않은지요.

아이를 잘 키우기 위해 무엇보다 반응적인 부모가 되세요! 지금 아이가 하고 있는 것! 그것이 아이의 무한한 잠재력을 발휘하게 되는 시작입니다. 아이가 흥미로워하는 것을 알고 민감하고 적합하게 반응해 줄 때, 아이는 스스로 자신의 능력을 최대로 발휘하며 성장하지요.

우선 아이와 부모 자신의 특성을 관심 있게 관찰할 필요가 있습니다. 그래서 1장에서는 반응적인 부모를 위한 특성을, 2장에서는 아이의 발달 단계에 따라 성장을 돕는 반응육아법을 실었고, 3장에서는 실제로 어떻게 반응적으로 하는지 구체적으로 알 수 있도록 반응육아법 실전전략 20가지를 제시해 놓았습니다. 마지막 4장에서는 부모가 양육에서 겪는 어려움에 대해 Q&A 형식으로 보여 주었습니다.

이론만 알고 행동으로 옮기는 것이 쉽지 않았다면, 실전 반응육아법대로 실천해 보시기 바랍니다. 《가르치지 말고 반응하라》를 통해 '반응육아'를 이해하셨다면, 이 책 《아이의 잠재력을 이끄는 반응육아법》으로 반응적인 부모가 되는 구체적인 방법을 실천하시기를 바랍니다.

차례

프롤로그

자신감 있고 행복한 아이로 키우려면 반응적인 부모가 되라! • 5

1장 부모는 이미 준비된 교육 환경이다

교육 효과의 변수는 바로 부모다 • 17

- 자녀의 발달에 가장 큰 영향은 바로 부모 • 20
- 부모가 함께할 때 아이는 더 잘 자란다 • 23
- 엄마가 편해야 행복한 육아를 할 수 있다 • 25
- 반응적인 부모가 머리 좋은 아이를 만든다 • 28
- 아이 뇌는 좋은 감정 상태를 기억한다 • 32
- 아이 뇌는 자신이 흥미로운 것을 기억한다 • 35

반응적인 부모는 무엇이 다를까? • 37

- 나는 어떤 부모일까? • 40
- '그때 그걸 안 해줘서'라고 후회하는 과거형 부모 • 42
- 아이는 부모 뜻대로 만들어진다고 믿는 지시형 부모 • 44
- 아이의 잠재력을 이끌어 주는 반응적인 부모 • 46
- 반응적인 부모는 다르다 • 49
- 긍정 반응이 아이를 움직인다 • 51

내 아이를 제대로 알자 • 55

- 아이의 발달에는 일정한 순서가 있다 • 58
- 아이의 발달 속도를 알면 이해 폭이 커진다 • 60
- 우리 아이는 옆집 아이와는 다르다 • 62
- 최적의 양육을 원한다면 아이의 민감 시기를 놓치지 마라 • 64
- 아이들은 이미 성공 능력을 가지고 있다 • 67
- 아이는 활동하면서 인지를 키운다 • 69
- 아이는 스스로 언어를 발달시킨다 • 71
- 상호작용 능력은 집중력을 키워 준다 • 74

2장 우리 아이 발달 단계에 꼭 맞는 반응육아법

0~3개월 | 신생아도 상호작용을 좋아해요 • 79
• 엄마의 얼굴과 목소리를 좋아해요 • 79
• 옹알이는 의미 있는 대화예요 • 80
• 3개월 된 아기도 주고받는 상호작용을 해요 • 82
• 안아 달라고 칭얼대는 것은 버릇없는 행동이 아니에요 • 83

4~7개월 | 까꿍놀이를 엄청 좋아해요 • 87
• 부모가 말하는 방식을 구별할 수 있어요 • 87
• 까꿍놀이가 재미있어요 • 89
• 아기의 타고난 성향을 인정해 주세요 • 90

8~12개월 | 낯선 사람을 싫어해요 • 95
• 자발적으로 내는 소리가 많아졌어요 • 95
• 하고 싶은 게 많아졌어요 • 97
• 변덕을 부리며 엄마만 좋아해요 • 100
• 거울놀이가 재미있어요 • 103

만 1~2세 | 엄마 말을 알아들어요 • 107
• 엄마가 하는 말을 잘 알아들을 수 있어요 • 107
• 일상 행동을 모방하며 놀아요 • 109
• 상대방의 입장을 잘 이해하지 못해요 • 111

만 2~3세 | 나도 할 수 있어요 • 115
• 언어 능력이 폭발적으로 성장해요 • 115
• 자기중심 사고가 강해서 고집불통이에요 • 117
• 엄마놀이, 아빠놀이를 좋아해요 • 119
• 엄마 도움 없이 하고 싶은 게 많아요 • 120

만 3~4세 | 친구들과 함께 놀아요 • 124
• 어른과 같은 소리로 말할 수 있어요 • 124
• 궁금한 게 참 많아요 • 126

• 모든 사물을 살아 있는 것으로 표현해요 • 127

• 꼬마 과학자가 되어요 • 128

만 4~5세 | 나를 조절할 수 있어요 • 132

• 모국어의 음소를 모두 발음할 수 있어요 • 132

• 좋아하는 활동을 찾을 수 있어요 • 134

• 우정을 키우기 시작해요 • 135

• 자기 감정을 조절할 수 있어요 • 136

3장 아이의 잠재력을 이끄는 반응육아법 20

성장을 위한 시작, 상호작용 능력을 키우는 반응육아법 • 143

반응육아법 01 아이와 눈맞춤하기 • 147

반응육아법 02 아이가 하는 방식대로 상호작용하기 • 150

반응육아법 03 아이가 반응하도록 기다려 주기 • 153

반응육아법 04 아이와 소리를 주고받으며 놀이하기 • 156

반응육아법 05 재미있게 상호작용하기 • 159

아이 발달의 동력, 주도성을 촉진하는 반응육아법 • 164

반응육아법 06 아이의 행동과 말을 그대로 모방하기 • 169

반응육아법 07 아이의 사소한 행동에 즉각적으로 반응하기 • 173

반응육아법 08 질문 없이 아이와 대화하기 • 176

반응육아법 09 아이가 내는 소리에 의미 있는 것처럼 대화하기 • 180

아이의 성장, 다음 단계로 확장하는 반응육아법 • 183

반응육아법 10 아이가 즐거워하는 활동 반복하기 • 186

반응육아법 11 발달 수준에 맞는 활동하기 • 189

반응육아법 12 아이의 의도를 표현해 주기 • 192

아이의 성숙된 능력, 자기 조절력을 키우는 반응육아법 • 195

반응육아법 13 아이 기질에 맞춰 규칙 정하기 • 199

반응육아법 14 '안 돼' 대신 '그래'라고 말하기 • 202

반응육아법 15 아이가 떼쓸 때 재미있는 상황으로 바꾸기 • 205

반응육아법 16 아이의 상호작용 속도에 맞추기 • 208

관계 형성의 근본, 신뢰를 쌓는 반응육아법 • 212

반응육아법 17 아이가 무서워하는 것에 공감하기 • 215

반응육아법 18 아이가 보내는 신호에 민감하게 반응하기 • 219

반응육아법 19 까닭 없이 울 때 따뜻하게 반응하기 • 223

반응육아법 20 아이의 행동에 긍정으로 메시지 주기 • 226

우리 아이, 이럴 땐 어떻게 할까요?
—Q&A

• 항상 엄마만 찾고, 잘 놀다가도 엄마만 보이면 울어요(9개월, 사회정서 발달) • 233

• 요즘 갑자기 다른 아이를 물고 때려요(12개월, 행동 문제) • 235

• 아이가 장난감을 가지고 놀지 않아요(14개월, 사회정서 발달) • 238

• 아기처럼 말하는 것을 고쳐 주어야 하나요?(18개월, 인지언어 발달) • 240

• 아이가 요즘 갑자기 친구들을 때리고 공격해요(19개월, 행동 문제) • 242

• 우리 아이는 무엇이든 내가 해줘야만 해요(만 2세, 행동 문제) • 245

• 아이가 고집과 떼가 너무 심하고, 자기 마음대로 안 되면 울고 짜증을 내요
  (28개월, 행동 문제) • 248

• 동생이 태어나면서부터 아이가 공격적으로 변했어요(32개월, 행동 문제) • 251

• 아이가 발음이 좀 서툴고 말이 늦은 편인데, 빨리 말을 잘했으면 좋겠어요
  (만 3세, 인지언어 발달) • 253

• 아이가 다른 아이와 잘 어울려 놀지 않아요(40개월, 사회정서 발달) • 256

• 아이가 엄마를 싫어하는 것 같아요. 지금이라도 신뢰를 쌓고 주도적인 아이로
  키울 수 있을까요?(만 4세, 사회정서 발달) • 258

• 열심히 놀아 주는데 아이가 말을 하지 않아요(만 4세, 인지언어 발달) • 260

• 아이가 말을 더듬어요. 말을 바로잡아 주면 더 더듬는 것 같아요
  (만 4세, 인지언어 발달) • 262

• 엄마의 말을 잘 들으면 보상을 주는 방식으로 아이들을 키웠어요.
  이런 방법도 괜찮나요?(만 5세, 사회정서 발달) • 265

에필로그

행복한 부모, 행복한 아이 • 267

1장

부모는 이미 준비된
교육환경이다

교육 효과의 변수는
바로 부모다

아이와 전투하세요?

한 엄마가 아이와 매일 실랑이를 벌이는 게 너무 힘들다며 상담을 해왔습니다. 엄마는 아이와 긍정적인 관계를 맺고 상호작용하는 법을 배우고 싶다고 말했으나, 아이의 방식을 이해하려고 노력하거나 아이가 놀이를 주도할 기회조차 주지 않았습니다. 게다가 엄마의 표정이 매우 굳어 있어, 나는 "어머니, 아이와 지금 전투하세요?" 하고 다소 도전적인 질문을 했습니다. 그런데 뜻밖에도 엄마는 당황하지도 않고 대뜸 "맞아요, 매일이 전투예요."라고 대답했습니다. "그럼 이기셨나요?"라고 다시 물었더니, 어머니는 "네, 요즘 이겨 가고 있어요. 지금이 터닝 포인트예요."라고 말하더군요.

이제 막 아이를 장악하고 주도하기 시작했다는 엄마에게 '반응해주세요. 아이가 반응하도록 기다려 주세요.'라는 말이 과연 소용이 있을까 하는 생각이 들 정도였습니다. 그래서 반응성 상호작용에 대해 설명하고 약간의 시범을 보여 준 뒤 다음 주에 다시 만나기로 했습니다. 사실 저는 엄마들을 믿습니다. 엄마들과 저의 공통된 목표는 '우리 아이들을 변화시키고 긍정적인 발달을 이끈다.'이기 때문입니다.

한 주 뒤에 그 엄마는 매우 밝은 얼굴로 상담실을 방문했습니다. "어머니, 좋은 일 있으세요? 표정이 밝아 보이세요. 일상에서 반응성 상호작용은 좀 해보셨나요?" 하고 물어봤습니다. 그 엄마는 아주 씩씩하게 "네, 이건 쉽던데요. 예전엔 아이가 다른 데 관심 있는데 제가 억지로 끌고 오는 식이었어요. 저도 항상 긴장되고, 윽박지르는 게 일상이었지요. 그런데 아이가 하는 대로 따라 주니 오히려 순순히 저를 따르던데요? 반응육아는 쉬워요. 아이를 따라 해주면 되니까요. 그렇게 해주니 아이가 저를 보고 웃어요. 이런 건 처음이었어요. 아이가 하는 것을 보니 아이가 예뻐 보여요."라고 대답하였어요.

사실 아이는 '그대로'였어요. 단지 엄마가 어떻게 해주느냐에 따라 아이의 반응이 달랐던 거지요. 반응은 양방적이고 상호적으로 일어나는 것이지요. 역시 엄마들은 아이를 위해서는 무엇이든 해봅니다. 단지 순서만 바꿨을 뿐이에요. 엄마가 아이에게 먼저 반응해 줄 때 부모는 수행하는 느낌이 아니므로 아이가 먼저 보이고, 그러니 아이가 예뻐 보일 수밖에요. 마침내 엄마에게 곧바로 반응하는 아이를 보니 육아가 즐거워지는 것이지요.

●●● 아이의 잠재력을 이끄는 반응육아법

부모가 함께할 때 아이의 교육효과는 훨씬 높아집니다. 그래서 영유아 발달에서 부모를 강조하는 것입니다. 그 이유를 정리하면 다음과 같습니다.

첫째, 부모는 자녀와 이미 정서적으로 매우 친밀한 유대 관계가 있습니다. 이러한 정서적 관계는 다른 어른들의 말이나 행동보다 부모가 하는 말이나 행동이 어린 자녀에게 더 큰 영향력을 미치는 요소가 됩니다. 부모가 직장을 다니거나 많은 가사일로 자녀와 함께하는 시간이 부족하더라도 아이의 생활에 부모는 가장 강력한 영향력을 미칩니다.

둘째, 아이는 자신이 선택하여 능동적으로 참여하면서 배웁니다. 따라서 아이가 새로운 것을 배우는 시기와 장소(예: 학원, 기관)는 어른이 아이를 가르치려 하거나 억지로 배우도록 한다고 이루어지지 않습니다.

셋째, 특히 영유아기에는 부모가 다른 전문가나 어른들보다 함께 상호작용하는 기회가 훨씬 더 많습니다. 아이들은 아침에 일어나서, 씻고, 밥 먹고, 부모와 함께 놀거나 자동차에 탈 때 새로운 정보를 배우기도 합니다. 부모가 아이의 발달 학습에 영향을 미치는 특별한 이유는 아이가 배울 준비가 되었을 때 바로 그때, 그곳에 있는 사람이기 때문입니다. 그래서 아이에게 즉각적인 피드백을 줄 기회가 많지요. 물론 이때 아이에게 맞는 적절한 반응이 무엇보다 중요하지요.

♡ 자녀의 발달에 가장 큰 영향은 바로 부모

미국 CWRU대학의 마호니 교수는 특별활동 수업을 받고 있는 영유아들을 대상으로 선생님과 부모가 얼마나 영향을 미치는지를 시간과 건수로 분석해 보았습니다. 유치원 수업은 1년에 30주가량 하루 2시간 30분씩 일주일에 4일간 이루어졌어요. 전문 프로그램(예: 음악, 미술, 언어 등)은 1년에 35주 동안 하루 30분씩 일주일에 하루씩 참여했습니다. 그리고 부모가 아이와 1:1로 직접 마주하며 접촉하는 시간을 적어도 하루에 1시간으로 가정했습니다.

일주일 동안 유치원에서 선생님이 아이와 상호작용하는 전체 시간을 분석했을 때(한 교실에서 2명의 교사가 12명의 아이들을 돌보며 집단 교육, 1:1 상호작용, 그리고 관리활동을 하며 시간을 쓰는 것으로 가정), 한 아이가 일주일에 교사와 1:1 상호작용하며 보내는 시간이 33분이었습니다. 상대적으로 전문 프로그램 교사와 보내는 시간은 대략 2분, 부모의 경우는 420분이었습니다. 한편 선생님이 아이와 함께 보내는 시간이 1년에 30~35주이고, 부모는 52주이지요. 그렇기 때문에 주당 부모가 아이와 1:1 대면하며 함께 보내는 시간의 양은 그 누구보다 가장 많습니다.

또한 대부분의 어른들이 분당 10건의 일상적인 생활 사건들(예:

아이와 밥 먹기, 옷 갈아입기, 차 타고 이동하기, 목욕하기, 이야기하기, 책 읽기 등)로 상호작용을 하는데, 이를 기준으로 계산하면 부모들은 매년 자녀와 최소한 22만 건의 구체적인 상호작용을 합니다. 반면 선생님은 동일한 시간에 약 9,900건을, 전문 프로그램 선생님은 약 8,750건의 상호작용을 하게 됩니다. 따라서 1년 동안 부모는 선생님들을 합한 것보다 적어도 20만 건 이상 더 상호작용을 하므로 아동 발달에 영향을 줄 기회가 절대적으로 많지요.

이 분석 결과는 무엇을 의미할까요? 부모는 아이가 어떤 자극을 받는가에 영향을 미치고, 아이가 받을 자극을 변화시키는 데 중요한 역할을 하며, 아이의 발달에 미치는 영향에 대해 책임져야 한다는 의미입니다. 유치원, 보육기관 또는 그 밖의 프로그램도 중요합니다. 하지만 궁극적으로 자녀의 발달을 증진시키는 데 중요한 역할을 하는 사람은 바로 부모입니다. 교육자와 전문가들이 자녀의 발달 문제를 알아서 해결해 주면 편하겠지만, 자녀의 발달에 일차적인 영향을 미치는 사람이 부모이기 때문에 그 역할을 포기할 수 없는 것입니다.

일상생활에서 아이와 겪는 22만 건의 작은 에피소드에서 부모가 아이에게 어떻게 민감하게 반응해 주는가는 매우 중요합니다. 아이가 경험하는 일상생활에서 학습 잠재 능력을 최대한 끌어올리고, 아이가 지닌 잠재 능력을 명확히 인식하게 해주기 때문입니다.

♡ 부모가 함께할 때 아이는 더 잘 자란다

아이들이 하는 행위에 '놀이'란 표현을 많이 쓰고, 아이와 함께하는 수업이나 활동에는 '놀이식'이라는 말이 수식어처럼 붙습니다. 왜 그럴까요? 아이들은 놀이를 통해 잘 배우고 필요한 정보를 얻고 쉽게 이해하기 때문입니다.

아동심리학자 피아제Piaget는 놀이를 '아이의 일children's work'이라고 표현했습니다. 아이들이 하는 단순한 놀이, 즉 입에 넣기, 두드리기, 그릇에 사물 넣고 꺼내기, 사물을 일렬로 늘어놓기, 역할놀이 등은 아이들이 행동을 배우고 자신의 세상을 이해하는 중요한 과정입니다.

아이들은 놀면서 사물을 조작하고 탐색하고, 실험하면서 자연스럽게 정보를 습득하며, 기술을 배우는 데 필요한 활동에 참여합니다. 아이들에게 '놀이'는 그 자체가 '학습 과정'인 셈이죠. 그래서 놀고 있는 아이에게 '이제 그만 놀고 공부하자.'라는 말은 어찌 보면 틀린 표현입니다. 아이는 놀이를 통해 감각기관을 자극하고 신체활동을 하면서 이미 학습을 하고 있으니까요. 그러니 아이가 놀이를 하고 있다면 '음, 잘 공부하고 있군.'이라고 생각하면 됩니다.

아이는 혼자보다 부모와 함께할 때 더욱 잘 배울 수 있습니다.

많은 연구들은 아이의 발달은 부모가 얼마만큼, 어떻게 상호작용하고 의사소통하는지에 달려 있다고 강조합니다. 실제로 부모와 자녀가 함께하는 상호작용 놀이와 유치원, 보육기관, 특수교육, 치료, 또는 학습용 장난감이나 교구를 통한 놀이와 비교해 보았습니다. 결과는 전자가 아이들의 발달에 미치는 영향력이 훨씬 크다고 나왔습니다.

그러나 부모가 아이와 함께하는 상호작용 놀이에서 시간적 길이는 중요하지 않습니다. 시간은 5분 이내면 충분합니다. 굳이 긴 시간 동안 놀이를 해야 한다는 강박감을 가질 필요가 없습니다. 또한 놀이 활동에 꼭 장난감이 있어야 할 필요도 없습니다. 주고받으며 재미있게 즐길 수 있는 놀이라면 어떤 종류든 좋습니다. 예를 들어 수유하기, 옷 갈아입히기, 목욕하기, 또는 단순히 만들어 내는 음성이나 몸짓(예: 눈을 찡긋하기)도 주고받으며 상호작용 놀이를 하기에 아주 적합합니다.

아이와 놀이할 때 부모가 '무엇을 해줄까?'보다는 아이에게 적합하게 '얼마나 자주 반응해 주는가?'가 중요합니다. 만일 부모가 무엇을 해주려 한다면 자꾸 제시하고 이끌게 됩니다. 그러나 반응하려 한다면 아이가 주도하고 부모는 지지적인 놀이 상대자가 될 것입니다.

♡ 엄마가 편해야 행복한 육아를 할 수 있다

　　부모라고 다 같은 마음과 태도를 갖고 있지는 않습니다. 부모의 특성은 다양하므로 양육 방식도 개인차가 있습니다. 전문가의 도움 없이도 아이와 놀이를 개발하여 잘 상호작용하는 부모가 있는가 하면, 아이 키우기가 힘들다고 토로하는 부모도 있습니다. 이러한 부모들의 공통점은 자신의 행동이 아이에게 맞는지 불안해한다는 것입니다. 즉 '아이와 어떻게 놀아 주어야 할지, 또 잘 놀아 주고 있는 것인지' 자신이 없지요. 이런 부모라면 한 시간이라도 아이와 함께하지 않는 시간을 자유시간이라고 느낄 수도 있습니다.

　　이런 부모는 아마도 아이와 상호작용이 잘 안 되고, 아이는 부모의 반응에 긍정적인 피드백을 하지 않았을 겁니다. 부모 입장에서 보면 아이에게 뭔가 애써 반응을 해주었는데도 무응답으로 무시하고, 점점 에너지는 고갈되지요. 어쩌다 아이가 좋은 반응을 보이지만 그것은 그저 운이 좋은 경우입니다. 이처럼 부모가 아이의 반응을 예측할 수 없으면 아이를 대하기가 두렵겠죠. '내가 이렇게 하면 아이는 이렇게 반응할 거야.'라는 확신이 없으니 더더욱 조심스러워질 테고요. 매사가 조심스럽다는 것은 불안하다는 뜻이며, 불안은 말 그대로 심리적으로 편안하지 않은 상태입니다.

아이를 맡겨 놓고 1시간 정도 해방된다 하더라도 고작 24시간 중의 1시간이고, 더 많은 시간이 편안하지 않은 채 남아 있습니다. 부모가 아이의 반응을 예측할 수 있어야 '편한 육아'를 할 수 있습니다. 편한 육아가 되려면 먼저 아이를 이해하고 무엇에 관심이 있는지 살피는 민감함이 필요합니다.

편안하게 커피 마시며 휴식하는 시간을 포기하고 아이 앞에 앉아서 '이건 블록', '이건 사과'라고 가르쳐 주면서 아이와 함께 놀아 주었다라고 생각하나요? 아이들은 부모가 애써 많은 이야기를 하며 놀아 주는 것을 그다지 좋아하지 않습니다. 아이는 자신이 능동적으로 참여하는 활동을 더 좋아합니다. 아이와 눈을 맞춰 주세요. 아이가 놀이를 하다가 부모에게 눈길을 줄 때 곧바로 미소 짓거나 입을 크게 벌려 반응해 주세요. 그러면 아이는 자신을 보고 있는 부모의 모습에서 항상 자신과 함께 해준다는 믿음을 갖게 되고 신뢰관계를 쌓아 나갑니다. 때론 그냥 아이 옆에 편하게 누우세요. 그러면 아이와 눈 맞추기가 더 쉽지요.

아이가 엄마를 쳐다볼 때, 아이와 목욕할 때, 그리고 함께 밥 먹을 때가 바로 반응육아 타이밍입니다. 따로 시간 내고, 따로 장소를 정하려 계획하지 마세요. 계획은 아이에게 있습니다. 아이를 잘 키우기 위해서는 '아이에게 무엇을 해줄까' 하는 과제 수행 태도보다 내가 편한 육아를 먼저 생각하세요. 부모 역할은 1시간짜리가 아니라 365일짜리니까요.

♡반응적인 부모가 머리 좋은 아이를 만든다

아동발달 연구자들은 유전보다는 출생 초기의 경험이 두뇌 발달에 결정적인 영향을 미친다고 말합니다. 물론 유전자도 중요한 역할을 하지만 뇌를 발달시키고 제대로 작동시키기 위해서는 생애 초기 경험이 매우 중요하다는 것이지요. 우리 뇌는 딱딱한 두개골에 싸여 있고, 마치 호두 껍데기를 벗겨 낸 알맹이같이 주름들이 잡혀 있어요. 이렇게 주름 잡힌 모양의 뇌 윗부분을 대뇌피질이라 하는데, 이는 인간이 다른 동물보다 더 발달한 부분으로 쉽게 우리가 '머리가 좋다, 나쁘다', '수학을 잘해', '언어를 잘해'와 같이 능력을 좌우하는 중요 부분입니다.

신경과학의 발달로 뇌의 어떤 부위가 인간의 어떤 기능에 영향을 주는지 속속 밝혀지고 있는데 그중 부모의 양육 태도가 중요하게 보고되고 있지요. 우리 뇌는 끊임없이 학습하면서 변화하고 스스로 업그레이드하는 놀라운 능력을 가졌습니다. 뇌의 각 영역들은 어느 시기에 동시에 발달하지 않고, 각각 집중적으로 발달하는 민감 시기가 있기 때문에 같은 경험이라도 최대 효과를 낼 수 있는 적기가 있어요. 따라서 아이의 발달 시기별 뇌 발달 특성을 알고 적합한 경험을 할 수 있도록 해주는 것은 매우 중요합니다.

★ 아이의 각 시기별 뇌 발달 특성 ★

• 태아기 : 뉴런의 형성과 제거, 그리고 시냅스 연결의 시작

뇌 발달은 태어나기 전 엄마의 배 속에서부터, 정확히 말하면 수정 직후부터 급속도로 이루어집니다. 임신 후반이 되면 태아는 성인과 같은 개수인 약 1,000억 개의 뉴런을 갖습니다. 그래서 태아 때부터 엄마의 심장 소리와 외부에서 대화하는 소리를 듣고, 엄마의 양수 냄새를 맡으며 촉감을 가지는 등 다양한 감각 경험을 하지요.

임신 시기 태교의 중요성을 강조하는 것은 바로 태아 때 시냅스가 형성되고 뇌 발달이 이루어지기 때문이에요. 더욱이 태아기 뇌 발달 에서 중요한 것은 엄마의 건강한 마음 상태입니다. 연구에 따르면 엄마가 임신 초기에 불안을 경험하면 신생아의 뇌 크기가 감소된다 는 보고가 있습니다.

• 영아기 : 운동과 감각 뇌 영역, 변연계의 집중적인 발달

영아기는 운동과 감각 영역의 뇌 발달이 그 어느 때보다 집중되는 시기입니다. 따라서 아이가 다양한 감각을 느낄 수 있는 활동 경험 이 중요합니다. 이를 위해서 부모는 아이에게 특정한 기능을 가르치 기보다 스스로 신체를 움직이며 자유롭게 탐색할 수 있는 환경을 마 련해 주어야 합니다.

우리 뇌는 크게 3층으로 구분할 수 있는데, 가장 아래는 뇌간, 중간 층은 변연계, 그리고 가장 윗부분은 대뇌피질입니다. 그중 가운데에 위치하는 변연계는 포유동물의 뇌, 감정의 뇌로도 불리며 영아기에 가장 빠르게 발달하는 부위입니다. 변연계는 정서 유발과 정서 기억을 비롯한 다양한 기능을 수행하며 대뇌피질과 활발히 상호작용합니다. 변연계에는 해마와 편도가 있어요. 해마는 기억을 담당하며, 따라서 학습을 하는 데 필수적인 역할을 하지요. 실제로 해마를 다친 환자들은 같은 글을 몇 번씩 읽고도 그 글을 처음 봤다고 말하며 기억하지 못하기도 합니다. 해마 끝에는 아몬드 모양의 편도가 있는데 정서, 그중에서도 공포와 관련이 깊습니다. 우리가 위험 상황에 놓였을 때 공포감을 느끼고 준비 태세를 갖출 수 있는 것은 편도의 기능 때문이지요.

한편 해마와 편도가 가까이 위치해 있다는 사실은 학습과 정서가 매우 밀접한 관련이 있음을 보여 주는 것이지요. 학습 상황에서 아이가 어떤 정서적 경험을 했는지는 기억에 중요한 영향을 미칩니다. 0~3세 시기는 감정의 뇌인 변연계가 가장 빠르게 발달하는 시기이므로, 부모가 아이와 안정적인 신뢰관계를 형성하는 것이 중요합니다. 그러려면 아이가 엄마를 필요로 할 때 민감하고 반응적인 태도를 보여 줘야 합니다. 예를 들어 재미있게 가르치기, 아이가 실패해도 인정하기, 아이의 의견에 공감하기, 아이의 노력을 칭찬하고 격려하기 등과 같은 반응성 상호작용 전략은 잘 기억할 수 있는 뇌로 성장시키지요.

• 유아기 : 전두엽의 빠른 발달, 수초화 형성의 안정기

유아기 뇌 발달의 두드러진 특징은 고등사고를 가능하게 하는 전두엽이 빠르게 발달한다는 점입니다. 4세 이후부터 유아는 점차 어떤 활동을 계획하고, 충동적인 욕구나 자신의 정서를 스스로 조절할 수 있게 됩니다. 이 시기에는 놀이를 통해 문제해결의 기회를 갖고, 사회적 규칙을 학습하는 경험이 필요합니다. 부모나 선생님이 유아에게 자주 선택할 기회를 주고, 도전적인 분위기를 마련하며 실패해도 긍정적인 피드백을 주는 것이 아이의 뇌 발달에 좋습니다.

러비(Luby et al., 2012) 등은 3~5세 때 부모의 양육 태도와 학령기 때 아이들의 기억능력 효과를 MRI 촬영을 통해 비교해 보았어요. 특히 유아기 때 엄마로부터 지속적으로 지지적 양육을 받은 아이들과 억압적 양육을 받은 아이들의 뇌를 비교해 본 결과, 전자의 아이들은 기억을 담당하는 해마 부위의 부피가 증가해 있었지요. 반대로 유아기에 억압적 양육을 받은 아이들의 해마 부위는 오히려 줄어들어 있었습니다. 아이가 주도하고 선택한 것을 지지해 주는 반응적인 양육은 아이의 뇌 발달을 촉진시켜 학령기 학습 기억능력을 높여 주는 데 중요해요.

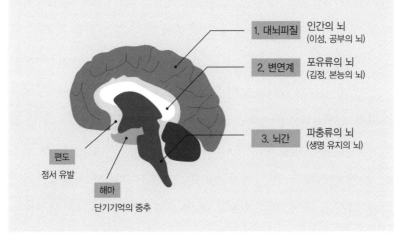

1. 대뇌피질 인간의 뇌 (이성, 공부의 뇌)

2. 변연계 포유류의 뇌 (감정, 본능의 뇌)

3. 뇌간 파충류의 뇌 (생명 유지의 뇌)

편도
정서 유발

해마
단기기억의 중추

♡아이 뇌는 좋은 감정 상태를 기억한다

U.C.버클리 대학의 다이아몬드 박사는 유명한 동물 실험을 했습니다. 이 실험은 어릴 때의 환경이 뇌 발달에 영향을 준다는 사실을 보여 주고 있습니다. 다이아몬드 박사는 새끼 쥐들을 두 집단으로 나누어, 한 집단은 장난감이 없는 좁은 우리에서 살게 했고, 다른 집단은 장난감이 있는 넓은 우리에서 살게 했습니다. 그 결과는 어땠을까요?

장난감을 넣어 준 풍요로운 환경에서 자란 쥐들이 그렇지 않은 쥐보다 대뇌피질의 두께가 7~11퍼센트나 두껍게 성장했어요. 더 놀라운 사실은 아무런 자극이 없는 지루한 환경에 있던 쥐들의 대뇌피질 두께는 얇아졌다는 것입니다. 이는 어린아이에게는 놀이가 바로 무엇인가를 배우는 중요한 환경이 된다는 사실을 밝히는 연구이지요.

미국 유아교육협회NAEYC에서는 아이를 잘 키우기 위한 '발달에 적합한 실행(DAP: Developmentally Appropriate Practices)'으로 놀이 환경에서의 학습을 강조하고 있습니다. 영아기(0~3세) 때 즐거운 놀이 환경에서 얻는 경험들을 잘 기억합니다. 아이가 영아기에 나쁜 경험을 하면 스트레스에 대한 신경화학적 반응이 신경회로 형성에 영향을 주고, 지속적으로 반복될 경우 뇌 구조가 변합니다.

여기에서 나쁜 경험이란 아기가 스트레스를 받거나 공포심을 느끼는 경험들을 말합니다. 예를 들어 부부 싸움을 할 때 큰소리를 내거나, 이유 없이 아이에게 말로 화풀이를 한다거나, 신체적인 폭력을 가한다면 나쁜 경험이 되는 거죠. 감정 기복이 심한 부모가 예측 불가능한 양육 행동을 보인다든지(어제는 다정하게 대했다가 오늘은 아이가 똑같은 행동을 해도 화를 내는 경우), 또는 아이에게 아무런 자극도 주지 않는 것도 나쁜 경험이 됩니다.

이러한 나쁜 경험을 계속하면 뇌에서 스트레스 호르몬인 코르티솔이 분비됩니다. 이 호르몬이 많이 분비될 경우, 뇌의 변연계와 대

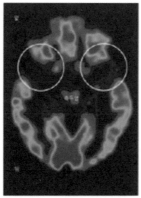

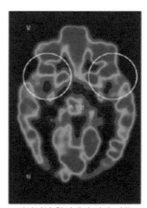

루마니아 고아원에서 자란 아동:
측두엽 부분의 뇌활동이 침체됨.
(수용, 정서조절 능력에 관여)

정상적인 환경에서 자란 아동

뇌피질이 잘 자라지 못하게 합니다. 그리고 학습 능력과 기억력을 떨어뜨리게 돼요.

예를 들어 제2차 세계대전 때 루마니아에서 전쟁 통에 부모를 잃어 고아원에서 지내게 된 아이들의 뇌를 조사한 연구가 있어요. 양육자의 보살핌을 받지 못하고 거의 방치된 채 자란 아이들은 스트레스와 관련된 코르티솔 호르몬이 너무 많이 분비되었고, 평생 동안 학습장애에 시달렸으며 기억력도 낮았어요. 아이에게 좋은 경험을 많이 주는 것이 평생 삶의 질에도 얼마나 영향을 끼치는지 다시 한 번 생각하게 만드는 결과입니다.

♡아이 뇌는 자신이 흥미로운 것을 기억한다

"말을 물가로 끌고 갈 수는 있지만 물을 마시게 할 수는 없다."

이 속담처럼 부모나 어른이 아이를 가르치기 위해 자극을 제공할 수는 있지만 아이의 머릿속에 지식을 억지로 집어넣을 수는 없어요. 설사 여러 번 인위적으로 반복해서 주입하더라도 그것을 꺼내어 적용하는 것은 결국 '아이가 하는 일child's work'입니다.

뇌 과학 연구 결과들은 '모든 학습은 어떤 식으로든 뇌와 연관되어 있으며, 아이의 학습을 위해서는 뇌 발달 특성과 학습 기제를 이해하고, 뇌가 학습할 수 있는 최선의 방법을 고려할 때 효과적'임을 말하고 있습니다. 말에게 물을 먹이려고 물가로 끌고가기 전에 말 주인은 지금 말이 갈증을 느끼는지를 먼저 생각하는 것이 현명하지요. 우리 아이들도 마찬가지입니다. 아이가 흥미를 느끼고 재미있어 하는 것이 무엇일지 고민하는 것이 아이가 스스로 학습하고 기억하도록 만드는 방법입니다.

우리는 오감 자극을 통해 엄청난 양의 정보를 얻습니다. 그러나 뇌가 이 모든 정보를 기억하지는 못하기 때문에 강력한 정보는 기억하고 나머지는 잊혀집니다. 우리가 무엇을 배웠다는 것은 어떤 정보를 장기기억에 저장했다는 뜻입니다. 정보가 장기기억에 저장되면 비교적 영구적으로 뇌에 남게 되어 필요할 때 꺼내 적용할 수 있어요.

어떤 정보를 인식하고 장기간 뇌에 머물게 하는, 즉 학습이 되는 과정을 보면 무엇보다 그 정보에 관심이 있어야 합니다. 재미있고, 아이가 흥미로워하는 활동이나 자극이 있다면 아이 스스로 주의를 기울이게 해야 합니다. 집중은 엄마가 "여기 봐." 하며 이끈다고 생겨나지 않아요. 바로 아이가 좋아하는 것, 요즘 아이의 최대 관심사에서 출발하면 가장 좋아요.

새로운 것을 가르쳐 주고 싶을 때에는 아이가 좋아하는 주제(예: 장난감 등)와 관련 지어 배우게 하면 가장 효과적입니다. 한꺼번에 많은 정보를 줘도 아이의 뇌는 의식적이든 무의식적이든 자신이 흥미롭다고 느끼는 정보만 받아들이고 기억합니다. 아이가 잘 배우게 하려면 '아이가 현재 좋아하는 일'을 인정해 주는 것이 가장 현명한 방법입니다. 아이의 뇌가 그것을 원하니까요.

반응적인 부모는
무엇이 다를까?

너, 바나나 몰라?

민호는 20개월 된 아이예요. 엄마는 민호가 한글도 일찍 깨우친 터라 집에서 영어를 가르쳐 보려 했어요. 다음은 엄마와 민호가 영어 공부를 하는 장면입니다.

엄마 하우아유 투데이?(How are you today?)

아이 (무응답. 그저 엄마만 말똥히 쳐다본다.)

엄마 아임 베리 굿, 하우아유 투데이?

아이 (무응답)

엄마 (사과 그림 카드를 보이면서) 왓스 디스?(What's this?)

아이 (무응답)

엄마 디스 이즈 애플(This is apple).

아이 (무응답)

엄마는 전혀 대꾸를 하지 않는 민호에게 조금씩 화가 나기 시작하는지 이번에는 한국말로 "민호야, 애플 알잖아.", "엄마랑 어제 애플 했잖아."라고 했어요. 다시 엄마가 학습을 시작했습니다.

엄마 왓스 디스? 버내너(banana).

아이 (무응답)

엄마 너 바나나 몰라? 바나나, 바나나잖아.

아이 (고개를 위아래로 끄덕이며, 작은 소리로) 버내너.

엄마 그래 버-내-너, 큰 소리로!

엄마가 일일이 발음을 정확히 짚어 주며, 영어 공부는 한동안 그렇게 지속되었습니다. 엄마는 질문하고 아이는 무응답, 다시 엄마가 한국말로 이야기하면 아이는 고개만 끄덕이는 식이었지요. 한마디로 말하면 아이는 '묵언수행' 중이었던 겁니다.

그러다 잠시 후 엄마가 영어 글자가 새겨져 있는 장난감 버스를 가지고 다시 영어 공부를 시도했습니다.

엄마 자, 그럼 이번에는 버스를 가지고 해보자, 장난감 버스. 더 재미있겠지?

아이 (무응답)

엄마 위고우투더 피크닉(We go to the picnic.), 부릉부릉!
아이 (약간 자신 있는 목소리로) 부릉? 친구들이 탔어?

갑자기 아이는 매우 활기찬 목소리였습니다.

민호는 엄마의 끊임없는 질문에 서툰 영어 실력으로 즉각적으로 대답할 수 없었고, 어눌한 발음과 어색한 영어가 부끄러워서 아예 시도조차 하지 않았던 것입니다. 그러다 '부릉부릉'이라는 소리가 들리자 무슨 말인지 알아듣고 자신감을 얻어 대답한 것이지요. 엄마가 아무리 좋은 자극을 많이 주려고 해도 아이가 스스로 시도해 보지 않는다면 아이 자신의 학습이 되지 않습니다. 아이는 누가 지시하지 않아도 자신이 흥미가 있는 것에는 스스로 시도하고 참여합니다. 아이가 스스로 경험하면서 '아, 이거구나!'라고 관계성을 인식하며 인지는 커갑니다. 결국 아이가 얼마나 참여하는지가 중요한 변수이지요. 그리고 어떻게 반응해 주느냐에 따라 아이의 참여는 달라집니다. 이것이 반응성 상호작용RT에 바탕을 둔 양육 방식이에요.

♡나는 어떤 부모일까?

부모들은 자신이 겪고 있는 양육의 어려움에 대해 전문가가 똑부러지게 조언해 주기를 바랍니다. 그러나 막상 전문가들의 강연을 듣거나 책을 보면 혼란만 커집니다. 여러 전문가들의 말이 각자 다르기도 하거니와 우리 아이에게 맞지 않는 이야기도 많기 때문입니다.

전문가들의 의견이 일치하지 않는 이유는 옳고 그름의 문제가 아니라 아이의 행동을 보는 관점이 달라서입니다. 전문가들 나름대로 아이의 행동에 대해 왜 그런 것인지, 어떻게 대처해야 하는지 알려 주고 있지만, 그 원인을 설명하는 근거에 차이가 있거든요. 다시 말해서 아이의 행동을 설명할 때 그 원인을 과거에서 찾느냐 현재에서 찾느냐에 따라 달라지고, 수동적이냐 능동적으로 이루어지느냐에 따라 달라지기도 합니다. 물론 모든 전문가들이 '아이를 잘 키우자'는 목표는 같지만, 아이의 행동을 설명하는 관점이 서로 다르기 때문에 의견도 다른 것입니다.

이런 의미에서 부모들이 아동발달심리학이나 유아교육 전공자는 아니더라도 행동을 이해하는 관점을 이해할 필요가 있습니다. 결국 아이를 위한 정보를 선택하는 사람이 부모이므로, 부모가 우리 아이를 어떤 관점을 가지고 키울지 양육관을 가져야 합니다.

만 2살이 넘은 현수는 또래보다 말이 서툴고, 너무 얌전해서 혼자서는 아이들과 놀지 못합니다. 만약 당신이 현수의 부모라면 아이에 내해 뭐라고 말하겠습니까? 전문가가 아니더라도 부모 나름대로의 관점에서 아이의 행동을 설명할 테지요. 아이의 행동을 설명하는 부모의 유형을 아주 간단하게 세 가지로 나눠 보면 다음과 같습니다.

첫 번째 유형은 "아빠도 말이 늦었대요. 아빠 닮았나 봐요.", 또는 "내가 임신 중에 책을 많이 읽어 주지 않아서 그런가요?"라고 하는 부모입니다. 두 번째 유형은 "유치원을 너무 늦게 보내서 또래와 어울릴 기회가 없었어요. 학습지를 2배로 시키면 될까요?"라고 하는 부모이고, 세 번째 유형은 "아직 시기가 안된 것 같아요. 유창하지는 않지만 소통은 해요. 지켜보고 있어요."라고 하는 부모입니다.

♡ '그때 그걸 안 해줘서'라고 후회하는 과거형 부모

    말이 서툴고 또래와 잘 어울리지 못하는 아이에 대해, "아빠도 말이 늦었대요. 아빠 닮았나 봐요." 혹은 "임신 중에 책을 많이 읽어주지 않아서 그래요."라고 하는 첫 번째 부모 유형은 아이의 행동 원인을 과거에서 찾고 있습니다. 현재 아이의 행동은 과거의 경험과 그때 관계를 어떻게 형성했느냐에 따라 크게 영향을 받았다고 보는 거예요.

    생후 1년 안에 아기가 양육자와 친밀하거나 신뢰하는 관계를 맺지 못해 안정적인 정서관계를 형성하지 못하면, 아이 발달에 부정적인 영향을 미친다고 생각하는 것입니다. 그래서 부모는 아이의 현재 행동이 왜 그런지 알 수 없을 때 '혹시 임신 기간이나 아이가 어렸을 때 내가 어찌어찌해서 그런 건 아닐까?'라고 생각하는 거예요. 불확실하고 돌이킬 수 없는 과거에서 원인을 찾고, 앞으로의 일에 대해 미리 걱정하고 불안감을 갖는 거지요.

    부모가 지금 아이의 행동에 대해 과거의 어느 시점에 문제가 있었는지를 알아내고, 그 과거의 문제를 간파하고 해결하기란 쉽지 않습니다. 부모가 아이를 키우면서 어떤 원인을 과거에서 찾고 과거의 사건과 연관 지어 설명하려는 관점을 가진다면 어려움을 겪을 것입니다. 아동발달 전문가들도 일상 속 아이의 행동에 대해 과거의 어떤 사건이 관련되어 영향을 미치는지 알아내고 설명하기란 매우 어렵기 때문입니다.

설령 원인을 찾더라도 이미 지나가 버린 아이의 어린 시절을 어떻게 회복해 줄 수 있을까요? 부모인 내가 잘 돌보지 못해 아이가 그런 행동을 보였다고 자책한들 무슨 소용이 있을까요? 한편 내가 생각하는 원인이 정말 확실한 걸까요? 그러니 확실하지도 않은 과거에 머물기보다 현재 지금 당장 할 수 있는 방법을 찾아보는 것이 더 현명합니다. 이것이 바로 지금 부모로서 행복하게 아이와 상호작용할 수 있는 방법입니다.

♡아이는 부모 뜻대로 만들어진다고 믿는 지시형 부모

"유치원을 너무 늦게 보내서 또래와 어울릴 기회가 없었어요."라고 하는 부모 유형은 어떤가요? 그런 부모는 아이의 행동 원인을 현재 시점에서 찾고는 있습니다. 그러나 외부환경 또는 뭔가 다른 보상으로 문제를 해결하려고 합니다.

보통 아이가 보이는 행동은 그 행동을 하는 상황이 있고, 또 그 행동을 했을 때 뒤따르는 보상 때문에 지속되기도 합니다. 이러한 관점에서는 아이의 행동은 타고난 것이 아니라 전적으로 경험, 아이의 행동 뒤에 주어지는 보상을 통해 만들어진다고 봅니다.

현재 어떤 경험을 갖게 해주느냐에 따라 성공적으로 아이를 키울 수 있다는 말은 부모들에게 매우 매력적으로 들립니다. 그래서 부모들은 자칫 아이의 타고난 성향을 무시한 채 부모 자신이 선호하는 것을 경험하게 해주려고 하지요. 예를 들어, 아이는 자동차 놀잇감을 좋아하는데, 엄마는 두뇌발달에도 도움이 된다고 하여 자동차 장난감을 치우고 나무블록 장난감을 가져다 놓았습니다. 그리고 "이것으로 성 만들기를 잘하면 엄마가 맛있는 간식을 줄 거야."라고 말한다면, 간식이란 보상으로 나무블록놀이 행동을 이끌고 있는 것입니다. 그러나 이는 자칫 아이의 관심과 타고난 성향을 무시한 채 교육이란 이름으로 부모가 계획한 스케줄을 주입하는 것입니다. 급기야 아이의 진로를 성급하게 설정하고, 이것저것 과잉 학습을 시키며 지나친 자극을 주는 일이 생기고 맙니다.

아이는 무조건 학습시킨다고 해서 만들어지는 존재가 아닙니다. 이것은 부모들이 자녀를 키우면서 이미 깨달은 진리이겠지만요. 만약 당신이 이 같은 부모라면 주변의 누구도 말리지 않았고, 그렇게 하는 것이 얼마나 비효과적인지 말해 주지 않았기 때문일 겁니다.

진정한 학습은 아이 스스로 내적동기가 생겨 하고자 할 때 이루어집니다. 누가 시킬 때만 하는 것은 아동이 일종의 '식별학습'을 한 것입니다. 엄마가 시킬 때만 하고, 아빠가 있을 때만 엄마 말에 순종하는 아이의 모습에선 일관성 있는 교육 효과를 기대하기 어렵답니다.

♡아이의 잠재력을 이끌어 주는 반응적인 부모

"아직 시기가 안 된 것 같아요. 그러나 자기 방식으로 소통을 해요."

이렇게 말하는 부모 유형은 인간은 자신만의 능력을 갖고 태어났고, 이러한 능력은 다른 사람과 상호작용하면서 더욱 발달해 간다는 생각을 갖고 있습니다.

발달심리학자 비고츠키Vygotsky는 부모는 아이의 발달을 촉진시키는 비계 같은 역할을 한다고 했습니다. 비계는 높은 건물을 지을 때 디디고 서도록 긴 나무 따위를 종횡으로 엮어 다리처럼 걸쳐 놓은 설치물이에요. 이처럼 부모도 아이의 발달을 지지support하는 역할을 하는 존재입니다. 여기서 '지지'라는 의미가 중요한데, 아이는 혼자보다는 어른과 함께 놀면서 더 잘 배웁니다. 이때 주도자initiator는 부모가 아니라 아이입니다. 부모는 지지자supporter여야 하지요. 실제로 아이의 학습을 효과적으로 증진시키는 부모들은 아이가 스스로 하도록 격려하고 현재 하는 행동에서 약간만 복잡한 자극을 제시할 뿐입니다.

비고츠키는 아이는 일차적으로 부모나 선생님과 함께하는 일상적인 놀이 또는 활동을 통해서 학습하고 배워 간다고 했습니다. 따라서 아이의 발달을 위해서는 일상적인 활동에 아이가 능동적으로 참여할 수 있도록 격려해 주어야 합니다. 예를 들어, 요즘 막 말을 시작한 만 17개월 아이에게 '사과 주세요.'라는 표현을 가르친다고 해보죠. 이때 아이가 "사과 주세요."라고 말하는 것은 최종 목표이고, 부모나 선생님은 아이가 이러한 표현을 일상에서 능숙하게 사용하기를 바랍니다.

이때 두 번째 유형의 부모는 아이가 "사과 주세요."를 말하도록 가르치기 위해 사과 그림을 보여 주며 "사~과~", "사과 주세요." 하고 반복할 것입니다. 그리고 아이가 잘 반응했을 때 "잘했어."라고 칭찬하거나 보상으로 사탕을 주어 그 행동을 강화하려고 할 것입니다.

세 번째 유형의 부모는 어떨까요? 아이가 '따까' 하고 발음하더라도 함께 '따까'라고 반응하며 현재 아이의 발달 수준을 있는 그대로 받아들입니다. 그리고 사과가 보일 때나 마트에서 사과를 사면서 '사~과~'라고 언어적인 표현을 해줍니다. 아이의 어눌한 발음을 그대로 받아들여 주는 이유는 현재는 아이가 '사과'라는 발음을 정확히 하기가 불가능하다는 것을 알기 때문입니다. 이렇게 현재 아이의 수준을 이해하고 아이가 할 수 있는 능동적인 시도, 즉 '따까'라는 발성을 그대로 존중해 줍니다. 과정 과정을 이어 가며 다음 단계로 발전시켜 가는 것입니다.

이처럼 아이에게 말을 가르치는 과정도 때로는 관점에 따라 다소 방법이 다릅니다. '아이의 잠재력을 이끄는 반응적인 부모'는 세 번째 유형의 관점을 갖습니다.

앞서 본 세 가지 유형 중 당신은 어떤 부모입니까? 어떤 유형의 관점이 더 옳고 그르다고 단언할 수는 없습니다. 가장 중요한 것은 '우리 아이를 잘 키우고, 인지·언어·사회정서 능력을 키워서 적응적인 아이로 키우자'는 데 모든 부모가 동의한다는 점입니다. 단, 어떤 방법으로 아이의 인지·언어·사회정서 발달을 키울지는 부모의 선택에 달렸습니다.

때로는 상황에 따라 다른 선택을 할 수도 있습니다. 하지만 상황에 맞고, 우리 아이에게도 맞는 적용이 가장 좋은 방법임을 잊지 마세요. 현재 아이의 행동을 어떻게 볼 것인지 부모의 양육관이 굳게 서 있어야 여러 전문가의 조언이 왜 다른지 알고, 우리 아이의 발달을 돕는 데 어느 전문가의 도움을 받을지를 선택할 수 있습니다.

♡ 반응적인 부모는 다르다

반응적인 부모는 아이의 흥미와 관심에 초점을 두어 아이와 주고받는 상호작용을 합니다. 상호작용이란 '함께' 한다는 것이므로, 반응적인 부모는 우선 아이를 꼼꼼히 관찰하여 무엇에 관심과 흥미를 보이는지 알아챕니다. 아이가 관심을 보이는 것에 부모가 함께 반응하면 아이는 관심 대상에 오래 머무르게 됩니다. 또한 아이는 부모와 관심을 공유하면서 자신의 세계를 넓혀 나갑니다. 예를 들어 아이가 "딸기 있네."라고 말하면, 부모는 "응, 딸기네."라고 대답해 주며 서로 말을 주고받는 거지요.

이때 아이가 한 행동과 부모가 반응하는 행동 사이의 '시간 간격'이 매우 중요합니다. 아이의 행동 발달을 높이려면 아이가 어떤 행동을 했을 때 부모가 즉각적으로 반응해 주어야 합니다. 그러면 얼마나 빨리 응답해야 즉각적인 걸까요? 교육학에서는 반응 간격을 0.5초 이내로 하라고 합니다. 이처럼 아주 짧은 시간 안에 부모가 반응을 보일 때 아이는 자신이 한 것에 대해 '내가 무언가를 해냈구나' 하며 자신감을 얻습니다.

아이가 열심히 블록을 가지고 놀고 있어요. 그러다가 "엄마, 이것 봐요." 하면서 부를 때는 자신이 만든 것을 인정받고 싶어서입니다. 그런데 아무런 대꾸도 없이 자기 일만 계속하는 엄마도 있고, 아이를 쳐다보지도 않은 채 "잠깐만 엄마 이거 하고."라고 대답만 하는 엄마도 있어요. 그러고는 잠시 뒤 자기 일을 마치고 나서야 아이에게 다가가 "자, 뭐 하자고? 우리 이것 한번 해볼까?"라고 하면 타이밍을 놓친 것입니다. 아이는 이미 학습 동기를 잃어버린 상태이니까요.

부모들은 때때로 자신이 만든 스케줄에 아이들을 맞춰야 한다고 착각합니다. 아이가 스스로 어떤 반응을 했을 때 바로 그 자리에서 부모(또는 어른)가 주는 순간(1초)의 피드백이, 전문가가 계획해서 하는 1시간의 자극보다 훨씬 효과적이라는 사실을 잊지 말아야 합니다.

반응적인 부모는 아이가 주도하게 합니다. 아이는 자신이 능동적으로 이끌어 갈 때 오래 집중하며, 그 과정에서 학습이 이루어집니다. 부모가 끊임없이 질문하고 '이렇게 해라, 저렇게 해라.' 하면 아이는 그 자리에서 벗어나고 맙니다. 부모 곁에서 벗어나 버린 아이에게는 어떤 자극도 줄 수 없어요.

반응적인 부모는 아이가 하는 대로 따라 주어 아이의 방식에 부모의 계획을 맞춥니다. 무엇을 하든 아이가 먼저 시작하게 해주세요. 그러면 아이는 부모에게 눈을 맞추고 부모가 하는 것을 쳐다봅니다. 그때 부모가 모델링이 되어 주는 것을 아이는 따라 하고, 나아가 일상에서 그 행동을 스스로 반복하여 실행하게 돼요. 이것이 바로 능동적 참여로 이루어지는 학습 효과입니다.

♡긍정 반응이 아이를 움직인다

마트나 백화점 같은 공공장소에서 엄마와 아이가 실랑이하는 장면을 종종 볼 수 있습니다. 아이가 대형마트 바닥에 드러누워 큰소리로 울며 찡얼거린다면 정말 난처하죠. 처음에는 "집에 가서 해준다고 했지.", "조용히 해."라고 조그만 소리로 달래다가, 나중에는 화가 나서 큰소리로 "네가 아무리 떼를 써도 지금은 안 된다고 했지?", "엄마, 가버릴 거야. 너 혼자 여기서 울든지 맘대로 해." 하며 그 자리를 떠나 버립니다. 그러면 아이는 울음을 그치기보다는 더 크게 울어 댑니다. 그럴 때 보면 아이들은 천성적으로 창피함을 모르고 태어난 것인지 의심스럽기도 해요.

여기서 엄마의 계획은 무엇이었을까요? 엄마가 멀리 가버릴까 두려워서 아이가 울음을 그치는 것이겠지요. 그런데 아이는 오히려 더 크게 울어 댑니다. 대부분의 부모가 자녀를 훈육할 때는 역설적 표현을 많이 사용하죠. 그러면서 아이와의 관계에서 부모가 원하는 것은 아이가 "네, 엄마."라며 순응적인 표현을 사용하는 것이지요. "여기서는 돌아다니면 안 돼. 조용히 앉아 있어야 해."라고 말하면, 아이가 "네, 엄마."라고 말하고 그대로 얌전히 앉아 있기를 바랍니다.

어떻게 하면 부모와 아이 사이에 신뢰관계가 형성되고, 부모가 제안하는 것에 아이가 순순히 따를까요? 아이로부터 '네'라는 협력하는 반응을 원한다면 엄마가 먼저 '그래, 좋아.' 하며 긍정적인 반응을 보여 주세요. 아이는 부모와의 상호작용에서 다른 사람에게 어떻게 반응해야 하는지를 배우니까요. 부모가 먼저 아이에게 긍정적 반응을 보이며 상호작용을 한다면, 아이는 다른 사람과의 관계에서도 '네'라는 긍정적인 반응을 하게 돼요.

아이를 인정하는 것과 무조건 허용하는 것은 다릅니다. 아이에게 자주 긍정 반응을 해주는 것과 아이의 요구를 무조건 허용해서 버릇없고 예의 없는 아이로 키우는 것은 전혀 달라요. 부모는 구조화된 계획대로 만들어 가는 조련사가 되어서는 안 되고, 경계 없이 방만하게 풀어 놓는 방목장 주인이 되어서도 안 됩니다. 아이에게 매일 "안 돼.", "이따가 해줄게."라며 부정의 말만 반복해 놓고 첫마디에 "네" 하는 협력의 말을 기대하는 것은 아이러니합니다.

사람들은 자신self이 부정당하는 것을 좋아하지 않습니다. 그래서 얼마나 많이 가졌는지 또는 얼마나 많이 아는지를 평가받을 때보다 자신의 존재감에 해를 입었을 때 더욱 크게 상처받습니다. 예를 들어, 아이가 엄마에게 '아이스크림을 사 달라고 조르는 상황'을 생각해 보세요. 엄마가 처음에는 "안 돼."라고 했다가 한참 뒤에 사 주더라도 아이는 '엄마가 결국엔 사주셨어.'라고 생각하기보다 처음 거부당한 기억을 갖게 됩니다. 엄마는 아이의 요구를 거의 다 들

••• 아이의 잠재력을 이끄는 반응육아법

어주는데도 아이는 '우리 엄마는 맨날 안 사줘.'라고 투정하는 이유가 여기에 있어요. 심지어는 '엄마는 해준 게 없어.'라고 기억합니다. 물론 엄마는 아이에게 어쨌든 항상 해주었어요. 단지 아이가 원하는 것에 처음은 부정이었고 나중에 해주었던 것이 문제죠.

학습이론가들은 어떤 행동에 대해 즉각적으로 피드백을 어떻게 하느냐가 중요하다고 말합니다. 다시 말해 아이의 요구에 엄마가 "안 돼."라고 즉각적으로 대답한 것이 강력한 피드백인 셈이지요. 이후에 '해준 것'은 "안 돼."라는 말보다는 아이가 찡얼대는 행동에 대한 피드백과 하나를 이루는 것입니다. 그러니 아이가 예쁘게 무엇을 요구하는 것은 '안 돼.'라는 부정의 결과를, 투정하고 버릇없는 행동에는 '그래.'라는 긍정의 결과를 가져온다는 생각이 들도록 학습시켜 왔던 셈입니다.

내 아이를 제대로 알자

사례

12개월인데, 말이 늦는 건 아닌가요?

지연 엄마는 12개월 된 지연이가 말이 조금 늦는 것 같다며 상담을 받으러 왔습니다. 12개월 된 아이가 말이 늦으면 얼마나 늦을까 하고 의아했습니다. 그런데 지연이와 엄마를 관찰하니 지연 엄마는 아이의 발달 수준에 대한 이해가 없었고, 아이를 어떻게 대해야 할지 몰라 양육에 대한 어려움이 더 컸던 것이었습니다.

12개월 정도 된 어린아이를 둔 전업주부라면 방법을 알든 모르든 하루 종일 아이와 함께하고 상호작용해야 합니다. 다음은 지연이와 엄마가 상호작용하는 모습을 관찰한 것입니다.

엄마 (지연에게 퍼피인형-손가락에 끼워 손가락을 움직이며 노는 인형-을 보이며) 이것 봐, 오리네, 꽥꽥, 재미있어? 웃지도 않네?

지연 (무관심, 다른 곳을 쳐다봄)

엄마 다른 것 볼까? (실로폰을 만지며) 이건 어때? 땅땅~!

지연 (무관심)

엄마 (나무 링을 끼우며) 자, 이것 해보자.

지연 (링을 하나 천천히 손에 쥐어 봄)

엄마 엄마 주세요.

지연 (무응답, 다른 곳으로 가서 나무토막으로 도구를 땅땅 침)

엄마 여기 인형 있네? 아기, 아기 인형이야. 아기 예쁘다.

지연 (무응답)

엄마 (동물 장난감을 가져와 버튼을 누르며) 강아지, 토끼. 송아지…… 아무 말도 안해? 다른 거 볼까? 이건 어때?

지연 (무응답)

엄마는 계속 독백하듯 말을 했고, 지연이는 아무 대꾸 없이 자신만의 활동을 할 뿐이었습니다. 엄마 입장에서는 자신에게 아무런 대답이 없는 지연이를 보며 답답하고, 때로는 자신의 능력에 대한 한계를 느끼며 문제를 호소했던 것입니다.

12개월 된 지연이의 일상적인 행동을 관찰해 보면, 대부분 두드리기, 던지기, 손바닥으로 누르기 등의 활동이었어요. 12개월 된 아이라면 뭔가에 대해 말로 표현하기는 어렵고, 명확하게 단어를 말할 수도 없습니다.

그런데도 엄마는 '주세요, 아기 (인형) 아이 예뻐'와 같이 마치 능숙하게 말할 수 있는 유아 수준의 언어를 요구하며 놀이를 이어 갔어요. 지연이는 '이 이' 소리밖에는 별 소리를 내지 않았는데도 말입니다.

지연 엄마는 무엇보다 아이의 현재 발달 수준에 대한 이해가 필요했습니다.

♡아이의 발달에는 일정한 순서가 있다

아이들의 발달 과정에는 일정한 순서가 있습니다. 예를 들어 신체 발육을 보면 대개 2개월쯤에 목 가누기를 하고, 백일쯤이면 뒤집기, 6개월 정도 되면 앉기, 돌 무렵에는 걷기를 합니다. 이렇듯이 아이의 신체 발달에는 목 가누기(목), 뒤집기(등과 팔), 앉기(허리), 걷기(다리)의 순서가 있습니다. 이는 아이들의 근육이 위에서 아래로 발달한다는 사실을 보여 주지요.

아기들이 공 받는 장면을 상상해 보세요. 6개월 된 아기는 두 손을 허공에 허우적대기만 할 뿐 받지 못하고, 12개월이 넘은 아기들은 공을 받으려고 애쓰지만 가슴으로 받다 보니 공은 가슴을 지나쳐 미끄러지고 맙니다. 5~6세 된 아이들은 손으로 공을 받으려고 하고, 어른이 되면 공을 받으려고 손가락을 조정할 줄 압니다. 이처럼 아기들은 가슴과 팔뚝의 큰 근육을 사용하는 것부터 점차 손가락과 같은 미세근육을 조정하는 근육으로 발달해 갑니다.

언어 발달도 마찬가지입니다. 아기의 첫 대화는 무엇일까요? 아기는 울음으로 배고프거나 기저귀가 젖어서 불편하다는 자신의 의사를 전달하고 자신의 의도를 표현합니다. 그러다가 1음절어의 무의미한 듯한 소리를 내며 옹알이를 하고, 그다음에는 한 단어 말로 표현할 줄 알게 됩니다. 예를 들어 '엄마'란 한 단어에서, '엄마 가.', '엄마 배고파.', '엄마 놀자.' 등 여러 의미를 덧붙여 표현합니다. 그러고 나면 두 단어와 문장으로 발전해 가지요.

이처럼 아이들의 발달은 신체나 언어, 인시 등 진 영역에서 일정한 순서에 따라 이루어집니다. 그렇기 때문에 아이들이 이후에 어떻게 발달할지 예측할 수도 있고, 다음에 올 순서를 조금 일찍 촉진해 볼 수도 있습니다.

대개 아이들은 4개월에 뒤집고 9개월쯤 되면 가구를 잡고 일어섭니다. 하지만 모든 아이들이 똑같은 과정을 따르지는 않습니다. 아이에 따라 조금 더디기도 하고 조금 빠르기도 합니다. 발달은 비교적 일정한 순서가 있기 때문에 부모들은 다음 시기에 우리 아이가 할 만한 행동을 예측해서 적합한 장난감으로 미리 자극을 줄 수도 있습니다.

중요한 것은 아이마다 발달 속도가 다르다는 사실입니다. 또한 한 영역의 발달 속도가 빠르다고 해서 모든 영역의 발달이 다 빠르지는 않습니다. 아이들마다 다르고, 심지어는 그 아이가 가지고 있는 각각의 발달도 수준이 다르게 나타납니다.

♡아이의 발달 속도를 알면 이해 폭이 커진다

중세 이전에는 어른은 완전한 인간으로, 아이는 인간이 되어 가는 과정으로 보았어요. 즉 아이를 미숙하고 덜 완성된 인간으로 본 것이지요. 그러나 현대에는 아이가 생각하고 행동하는 것은 나름대로의 독특한 방식이고 수준이며, 아이의 발달 수준에 맞는 이해가 필요하다고 보고 있습니다.

18개월 된 아이가 다리를 'ㄴ' 자로 뻗고 앉아서 커다란 물병의 물을 컵에 따르겠다고 하고 있습니다. 과연 아이는 물을 잘 따를 수 있을까요? 아이는 스스로 해보겠다고 서툰 발음으로 "내가, 내가." 하며 자신의 의지를 표현합니다. 엄마가 "어디 한번 해봐." 하며 아이에게 물병을 주지만, 아이는 물병의 무게를 조절하지 못해 결국 바닥에 물을 쏟고 맙니다. 자, 이런 상황에 대해 한번 생각해 봅시다.

"18개월 된 아이가 컵에 물을 따를 때 반 이상 흘렸다면 아이의 '컵에 물 따르기 행동'을 몇 퍼센트의 완성도로 평가하겠습니까? 물병에 있는 물의 40퍼센트를 흘렸다면 60퍼센트의 완성도라 하겠습니까?"

사실 이 아이의 컵에 물 따르기 행동 완성도는 100퍼센트입니다. 이 행동의 완성도는 흘리지 않고 컵에 물 따르기를 100퍼센트

••• 아이의 잠재력을 이끄는 반응육아법

기준으로 얼마만큼 잘했는가로 볼 것이 아니라 아이의 발달 수준에서 보아야 합니다. 18개월 된 아이라면 아직 근육 조절이 세련되지 못하여 당연히 컵에 물을 따를 때 흘립니다. 그러니 '물을 흘리면서 컵에 따르는 것'이 당연한 수행인 것입니다. 이것이 아이의 발달 수준이 어디쯤인지를 알아야 하는 이유이며, 그래야 내 아이를 잘 이해할 수 있습니다.

때때로 엄마들은 분명히 물을 엎지를 것을 알면서도 아이의 성화에 못 이겨 "그래, 한번 해봐." 하며 컵을 맡겨 놓습니다. 그리고 아이가 물을 흘리면 "그것 봐라, 엄마가 뭐라 했어, 흘린다고 했지. 자, 이리 줘, 엄마가 따라 줄게." 하며 컵을 가져가 버립니다. 아이의 발달 단계에서 18개월 아이가 실수 없이 물을 따르는 것은 애초에 불가능한데도 말입니다. 이때 아이는 '나는 못해.'라는 수치감을 갖게 됩니다. 이러한 경험은 이후 "난 못해, 엄마가 해줘."라고 스스로 의지를 꺾는 아이로 만들 수 있어요.

아이를 이해할 때 먼저 아이의 발달 수준을 살피며 아이의 인지, 언어, 사회적 관계 수준을 살펴야 합니다. 아이가 물을 흘리는 것을 당연하다고 인정해 주고 흘린 물을 닦아 주는 작은 반응이 이후 어떤 도전을 '해보겠다'는 자신감 있는 아이로 키우는 시작입니다.

♡ 우리 아이는 옆집 아이와는 다르다

우리 아이를 잘 키우려면 다른 아이가 아니라 우리 아이를 잘 보아야 합니다. 부모들은 우리 아이를 키우면서 자꾸 이웃집 아이를 봅니다. 친구네 아이가 '엄마' 하면 우리 아이도 '엄마'를 해야 한다고 생각하고, 이웃집 아이가 걸으면 '우리 아이는 언제 걷지?' 하고 걱정합니다. 우리 아이를 잘 키우려면 우리 아이를 보고 우리 아이의 발달 수준을 파악해야 합니다.

아이마다 때로는 어떤 발달은 빠르지만 다른 발달은 느린 경우가 있습니다. 예를 들어 이제 30개월 된 민수는 움직임이 매우 민첩하고 레고 블록도 잘 가지고 놉니다. 원하는 것을 달라고 할 때 '우유 주세요.' 정도의 두 문장으로 의사 표현을 하며 별 어려움 없이 지내 왔습니다. 그러던 중 민수 엄마에게 고민이 생겼습니다.

민수 친구들과 동물원에 놀러 갔는데 어떤 친구가 '원숭이 얼굴이 빨개.', '엉덩이도 빨개.', '왜 그러지?' '사과 먹었나 봐.' 하며 세 단어 이상을 사용해서 긴 문장을 만들며 이야기했습니다. 거기서 민수는 그저 '원숭이다.' 또는 '원숭이가 갔어?' '원숭이 갔어.' 정도의 한 단어와 행위로 된 문장을 사용했고, 그 친구의 말에는 웃음만 짓고 있었습니다. 민수 엄마는 민수가 또래에 비해 느린 것은 아닌가 걱정이 되었습니다. 그래서 평소 민수가 '우유, 우유'라고 말하면 곧바로 주곤 했는데, 이번에는 '우유 먹고 싶어요, 꺼내 주세요.' 하며 따라서 말하도록 몇 번이고 강요했습니다.

또래 친구들과 비슷한 수준을 유지하는가는 우리 아이의 발달 수준을 체크하는 데 중요한 잣대가 됩니다. 그러나 발달 검사를 통해 아이가 발달 순서에서 어느 지점에 와 있는지를 체크하는 것이 중요합니다. 아이가 30개월이라고 해서 단순히 30개월의 행동을 체크하고 채워 넣은 것이 아닌 거죠.

만일 아이가 현재 30개월인데 언어 표현은 24개월 수준이라면 곧 '세 단어로 문장 말하기'를 할 것이며, 지금은 '한두 단어를 사용하는 단계'이고 다음에 '세 단어'를 사용하는 수준으로 발전할 것임을 예측하는 것입니다. 그러니 지금은 한두 단어를 사용하는 것이 익숙해지도록 연습하여 다음으로 나아가도록 도와주어야 합니다.

만일 일반적인 나이만 보고 지금 준비가 안 된 아이에게 '세 단어' 문장을 가르친다면 매우 어려운 선행학습이 될 겁니다. 그런데도 아이에게 계속 연습을 시키면 결국 아이는 '나는 못해.'라는 인식에 빠져 '나는 할 수 없어.'라며 무능력감을 키우게 될 것입니다.

♡ 최적의 양육을 원한다면 아이의 민감 시기를 놓치지 마라

인간 발달 과정에서 여러 발달 능력에 중요한 영향을 미치는 시기가 있는데, 이를 결정적 시기Critical Period라 합니다. 이때 적절한 발달이 이루어지지 못하거나 좋지 못한 영향을 받으면 심각한 문제를 일으킬 수 있습니다. 한편 민감 시기sensitive period란 아이들이 발달하면서 어떤 능력이 잘 발달하거나 그렇게 하는 데 기초가 되는 최적의 시기를 말합니다.

동물행동학자인 로렌츠Lorenz, 1965는 오리를 대상으로 한 실험을 통해 어떤 능력이 발달해 가는 데는 결정적인 영향을 미치는 중요한 시기가 있다고 설명했습니다. 로렌츠는 갓 부화된 새끼 오리가 부화하는 순간에 아무것도 보지 못하도록 심지어 어미도 치워 버렸어요. 그랬더니 부화할 때 움직이는 물체를 전혀 보지 못한 새끼 오리는 자라면서 어떤 대상과도 어울리지 못하고 혼자 고립된 채 살다가 죽고 말았습니다.

이처럼 생후 일정 시기 동안 경험한 것을 일생 동안 영구적으로 기억하는 시기를 발달의 결정적 시기critical period라고 합니다. 특히 오리들은 부화 후 13시간 사이에 처음 본 움직이는 물체를 따라다니는 본능적 행동이 있는데, 이 반응이 영구적으로 나타난다는 것입니다.

로렌츠는 이렇게 조류를 통해 증명된 발달의 결정적 시기를 인간에게도 적용하여 설명했습니다. 그런데 인간에게는 결정적 시기라는 개념보다는 '민감 시기'라는 표현이 적합할 때가 더 많습니다.

예를 들어 아이들은 자신의 양육자인 엄마만을 선호하며 친밀감을 형성하는 낯가림 시기가 있어요. 태어나자마자 할머니, 할아버지, 그리고 아빠를 보고 생긋생긋 웃던 아기가 보통 9~12개월이 되면 다른 어른을 보면 울고, 엄마가 아빠에게 안기려 하면 매우불안해합니다. 그런데 이 시기에 아이들이 엄마와 멀리 떨어져 있어 자주 보지 못했다고 해서 이후 엄마를 못 알아보고 애착 관계를

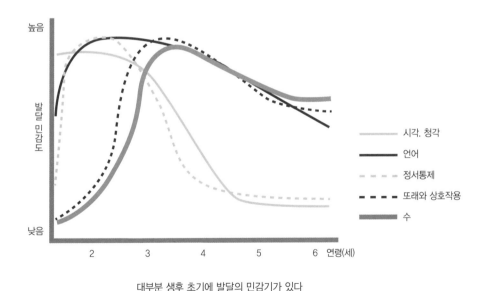

대부분 생후 초기에 발달의 민감기가 있다

전혀 맺지 못하지는 않습니다. 단, 이 시기가 지나면 더 많은 노력과 시간이 필요하지요.

따라서 민감 시기는 그 시기의 특정 능력을 보다 적은 시간과 비용으로 최대 발달 효과를 가져오는 시기라 할 수 있습니다. 부모가 이 시기를 잘 알고 적용한다면 최적의 양육을 할 수 있겠지요.

아이의 신체적 발달에서 민감 시기는 생후 2년 이내, 그리고 사춘기, 이렇게 두 번 정도입니다. 생후 1년 사이 아이의 몸무게는 3배, 키는 2배로 자랍니다. 따라서 이때 다른 때보다 영양을 잘 섭취하는 것이 중요하지요.

또한 언어 발달 단계에서는 '언어 폭발기'가 있습니다. 약 2세 전후로 해서 아이들은 평소 가르쳐 주지 않은 단어를 말해 부모를 놀라게 하기도 합니다. 이 시기에 다른 때보다 적절히 언어 자극을 주고 함께 책을 읽어 주는 노력은 이후 시기보다 효과적입니다.

♡아이들은 이미 성공 능력을 가지고 있다

　일상생활에서 부모와 나누는 대화와 반응하는 태도는 아이의 현재 능력은 물론 잠재능력을 발휘하는 데도 지대한 영향을 미칩니다. 부모는 아이를 자신이 원하는 모습으로 만들려 하기보다 타고난 능력을 잘 발휘하게 해주는 역할을 해야 합니다.

　CWRU대학교의 마호니 교수는 영유아기 아이들의 성장에 따른 발달을 지속적으로 살펴보며 연구했습니다. 그 결과 아이들은 저마다 타고난 잠재력을 가지고 있는데, 아이들의 성공 능력은 스스로 능력을 쌓아 갈 수 있는 힘을 부모가 얼마나 잘 키워 주는가에 달려 있었습니다.

　아동심리학자 피아제는 아이에게 최종적인 목표 행동을 하도록 가르친다고 해서 아이가 잘 발달하고 학습 성취가 높아지진 않는다고 주장합니다. 아이가 스스로 환경을 조작하고 적용해 보면서 자기 능력을 조절하며 성취한다는 것입니다. 예를 들어 15개월 된 아이가 컵을 탁자에 쿵쿵 치면 엄마는 "컵." 또는 "그렇게 치면 안 되지."라고 정확히 일러 줍니다. 가르쳐 주지 않은 '컵'이란 단어를 알지 못할 것이라고 생각하기 때문입니다. 이번에는 아이가 컵을 탁자에 땅땅 치며 "컵."합니다. 엄마도 "커업~." 하며 발음했습니다. 이렇게 "컵~, 커업.", "컵~, 커업."은 반복되었습니다. 그리고 아이 스스로 "컵, 주세요.", "뜨거워.", "커피 먹어."라는 말로 이어갔습니다.

헤스와 십맨Hess & Shipman은 조금 큰 아이들을 대상으로 지능 검사를 하여 무엇이 지능에 영향을 미쳤는지 찾아보았습니다. 그 결과, 부모가 평소에 명령이나 지시적으로 대하는 가정의 아이들보다 아이의 선택을 지지하고 아이의 방식으로 대화하는 가정의 아이들이 지능 발달이 더 높았습니다. 이것은 아이가 생각할 시간을 갖도록 부모가 기다려 주는 것이 효과적임을 보여 주는 연구입니다.

부모가 기다려 주는 양육 방식을 가질 때 아이들은 환경을 적극적으로 탐색하고 자신이 생각한 것을 자발적으로 시도합니다. 이것이 바로 아이들이 적극적으로 지적 활동을 하도록 지지하는 환경을 만드는 방법입니다. 그리고 이 과정에서 아이는 자신의 흥미를 마음껏 표현하고 자신감을 얻어 성취하고 싶다는 동기를 갖게 되며 자신의 성공 능력을 최대한 드러냅니다.

♡ 아이는 활동하면서 인지를 키운다

"신체와 분리해서 사고를 생각할 수 없고 머리와 분리해서 활동이 나올 수 없다." 레지오 에밀리아 유치원 창시자인 로리 말라구찌Loris Malaguzzi의 이 말처럼 아이들은 머리뿐만 아니라 몸으로 신체적 활동을 하면서도 배웁니다. 아동심리학자 피아제에 따르면, 어린아이는 새로운 정보를 직접 가르칠 때보다 일상에서 접하는 사물이나 도구, 또는 사람과 어울려 놀이를 하면서 이루어지는 상호작용을 통해 더 잘 배웁니다.

영아기의 아이에게 '사과'라는 개념을 가르치고 싶다면 카드 글자를 반복하기보다 사과를 직접 손가락으로 찔러 보고, 입으로 가져가 보고, 또 물건을 잡고 걷는 등의 신체 감각 활동을 경험하게 해주세요. 이런 활동을 통해 아이의 뇌는 자극을 받아 인지 발달의 기반을 마련합니다. 특히 영아들은 손을 휘젓고, 찌르고, 만지작거리는 행동을 반복하는데, 이는 발달상 배우지 않아도 나타나는 행동입니다. 아이들은 이러한 행동들을 반복하면서 뒤따르는 반응에 따라 인과관계를 배워 나갑니다.

실로폰과 막대기, 그리고 몇 개의 기본 장난감만 있는 방에서 10개월 된 아이가 혼자 놀고 있어요. 아이는 습관처럼 몸을 앞뒤로 흔들며 손을 휘휘 젓기도 합니다. 손을 젓다가 실로폰이 닿자 톡톡 치고, 또 이미 익숙한 행동인 듯 손뼉도 치지요. 주변에 놓여 있는 막대기를 잡고 입에도 넣어 보고, 또 바닥이나 실로폰을 치기도 합니다. 막대기를 휘젓다가 머리에 닿으면 머리를 톡톡 쳐보기도 합니다. 흔들흔들 몸을 앞뒤로 움직이고 손을 휘젓는 행동을 습관처럼 반복하고, '으~으' 하며 스스로 소리도 만들어 내어 봅니다. 이처럼 10개월 된 아이는 스스로 할 수 있는 여러 행동을 보입니다.

이때 아이의 행동은 우연한 것처럼 보이지만, 사실 성장하는 과정에서 우연히 한 행동이 반복된 결과 실로폰을 두드리거나 손뼉을 맞부딪쳐 소리가 나는 반응을 기억하고 학습하는 것입니다. 아이는 부모가 "손을 이렇게 해서 막대기를 잡고 실로폰을 두드려 봐."라고 일일이 가르치지 않더라도 현재 발달 수준에 맞는 습관적인 행동을 해요. 실로폰 두드리기, 찌르기, 손뼉 치기, 도구를 사용한 행동을 반복하면서 자신이 한 행동과 그것에 따른 결과, 즉 인과관계를 경험하지요.

아이들 특히 영아들은 배우지 않아도 할 수 있는 행동을 시도해 보면서 상호작용을 통해 얻어지는 결과를 인식해요. 또 그렇게 인식된 경험을 다른 활동과 연결할 수 있는 능력을 가지고 있습니다. 능동적으로 여러 가지를 경험한 아이의 사고능력은 더욱더 발달합니다. 결국 아이 스스로 탐색하고 능동적으로 반복해서 실행하면서 자신의 세계에 대한 통찰과 이해를 하게 됩니다.

●●● 아이의 잠재력을 이끄는 반응육아법

♡아이는 스스로 언어를 발달시킨다

언어 발달을 설명하는 의사소통 모델에 따르면, 아이들은 다른 사람에게 자신의 의사를 전달하고 상호작용을 하면서 언어를 배워 나갑니다. 특히 다른 사람과의 상호작용 활동에 능동적으로 참여할 때 더욱 발전하지요. 이 과정에서 아이들은 자신의 의도를 효과적으로 전달하기 위해 자기 수준보다 높은 어휘와 의사소통을 배우고자 하는 동기가 생겨납니다.

마호니 교수는 언어 발달이 잘 이루어진 아이를 관찰해 보았더니 엄마가 자녀와 일방적인 설명이나 질문이 아닌, 주고받는 식 대화를 나누었다고 합니다. 엄마는 아이가 주도하는 주제와 현재하는 활동과 관련된 대상이나 이름에 반응하고, 아이가 만들어 내는 표현을 자주 따라 했던 것입니다. 우리는 아이에게 "엄마를 따라 해봐."라고만 요구합니다. 부모가 먼저 아이를 따라 해보세요. 그러면 훨씬 빨리 다음 단계로 나아갈 수 있습니다.

예를 들어 아이가 '눈'을 짚으며 '뚜이'라고 발음하면 엄마(혹은 아빠)는 그대로 따라서 '뚜이'라고 반응해 주는 것이죠. 이처럼 아이의 표현 방식에 계속 반응하다 보면 아이는 마침내 엄마의 표현 방식을 따라 하게 됩니다. 그때 '누-운' 하고 말해 주면 아이도 엄마의 발성을 따라 하려고 시도하지요. 이처럼 아이가 만들어 낸 것을 엄마가 먼저 따라 하면 그다음에는 아이가 엄마를 따라 합니다. 그러면서 아이는 엄마가 만들어 낸 소리를 배우며 더 높은 단계로 발달해 가지요. 이때 아이가 만들어 낸 소리에 엄마가 미소나 웃음, 과장된 표정, 감탄사 등으로 생생하게 반응해 주면 아이의 발성 기회는 더욱 많아집니다.

아이의 언어로 표현할 소재에 아이는 흥미를 공유하며 함께 머물러 있습니다. 부모가 일방적으로 책을 읽고, 책 속 사물의 이름을 말한다면 이는 대화나 언어 발달을 위한 활동이 아닙니다. 왜냐하면 대화는 상호작용Communication이니까요. 아이가 좋아하는 것을 엄마가 함께할 때, 아이는 상대에 집중할 수 있고, 상대의 활동에 반응해요.

♡상호작용 능력은 집중력을 키워 준다

우리는 아이에게 무엇을 가르치고 싶을 때 "집중해야지.", "여기 봐봐." 하며 지시하는 말을 곧잘 합니다. 아기가 웃는 모습을 보고 싶어서 "까꿍" 하며 어를 때 아기도 부모의 행동을 인지해야 웃을 수 있습니다. 이처럼 아이에게 뭔가를 가르칠 때는 먼저 주의집중을 시켜야 합니다. 부모 입장에서 보면 아이에게 꼭 필요하고 중요한 것이라서 가르쳐 주고 싶더라도 일방적으로 진행하면 혼잣말과 같습니다. 아이에게는 그저 소음에 불과할 뿐이지요.

이처럼 아이가 반응을 보이지 않으면 때론 매혹적인 것을 꺼내 놓기도 하고, 요란하게 딸랑이를 흔들거나 큰소리로 을러 아이를 집중시키려고 합니다. 하지만 이렇게 해서 아이가 잠시 집중하더라도 오래가지 못해요.

부모들은 참 착각을 잘하는 것 같아요. 부모가 아이에게 자극을 주어 잠시 멈춘 것을 뭔가 가르쳤다고 생각하고, 아이가 알게 되었으리라 생각하거든요. 하지만 이것은 착각입니다. 아이가 학습을 하려면 스스로 주의를 기울여야 합니다. 주의 집중이 바로 학습의 시작이죠. 아이는 자신과 상호작용하는 부모에게 주의집중할 때 가장 잘 배울 수 있습니다. 어떻게 집중할 수 있게 할까요? 바로 아이가 흥미로워하는 것, 관심을 두고 있는 것을 관찰하고 그것을 인정하며 아이와 상호작용하는 것입니다.

아이는 자신이 흥미롭고 관심 있어 하는 것에는 스스로 알아서 움직이고 눈길을 고정시켜 쳐다봅니다. 그러니 일방적으로 아이를 유혹하고 이끌려고 애쓰지 마세요. 잘 집중하고 있는 아이에게 부모가 원하는 대로 하지 않는다고 불평하지도 마세요.

만일 억지로 아이를 끌어다 앉힌다 해도 주의집중 시간이 얼마나 될까요? 몇 초도 되지 않을 거예요. 아이들은 아주 잠시 부모가 이끈 것에 머무르다가 곧 자신이 원하는 곳으로 가버립니다. 따라서 아이가 집중하는 것에 부모의 계획을 적응해 보면 어떨까요? 아이가 좋아하는 것을 한다면 "이리 와봐." 하면서 이끌지 않아도 이미 집중하고 있을 테니까요.

2장

우리 아이 발달 단계에
꼭 맞는 반응육아법

진정한 부모가 되고 아이를 잘 양육하려면, 부모도 내 아이의 발달 심리학자가 되어 내 아이의 발달 특성을 알아 예측하고 그에 적합한 요구를 해야 합니다. 아이는 태어나 신생아기를 거쳐 영아, 유아, 그리고 아동기가 되면서 신체적인 성숙뿐 아니라 인지, 언어, 그리고 정서적으로 발달해 나갑니다. 부모가 아이의 발달 수준에 적합한 실행을 위해 '할 수 있는 것'과 '아직 못하는 것'을 아는 것은 매우 중요합니다. 이 것은 다시 말하면 부모가 아이에게 '할 것'과 '하지 말아야 할 것'을 알려 줍니다. 그러면 아이가 말을 안 듣는다고 표현하거나 아이 행동이 문제가 있는지, 부적응 행동이 아닌지 염려할 일은 없을 거예요.

신생아도 상호작용을 좋아해요

감각운동

엄마의 얼굴과 목소리를 좋아해요

1개월 된 아기는 약 30cm 이내에 있는 사물은 자세히 살펴볼 수 있으나, 그 이상 떨어지면 뚜렷이 볼 수 없어요. 그래서 아기는 엄마가 침대 옆에 놓아둔 장난감, 침대 위에 매달린 모빌을 쳐다보며 즐깁니다. 그런데 무엇보다 아기가 가장 좋아하는 것은 사람의 얼굴이에요. 따라서 이 시기에는 부모가 얼굴을 가까이 대고 아이와 눈을 맞추며 노는 것이 가장 즐거운 놀이고 어떤 장난감보다 효과적이에요.

이 시기 아기는 거울에 비친 자신을 흥미롭게 바라보기 때문에 깨지지 않는 거울을 침대 옆에 붙여 놓으면 잠시 부모가 안 보여도 혼자 잘 놀 수 있어요. 3개월이 되면 약간 멀리 있는 것을 볼 수 있을 정도로 시력이 발달해서 아기는 좀 더 멀리서 웃는 부모를 쳐다볼 수 있어요. 멀리 있는 장난감이나 그림도 봐요. 때때로 밖에서 소리가 들리면 창밖을 쳐다보기도 해요. 그래서 3개월 정도 되면 벽에 아이가 관심을 둘 만한 그림이나 브로마이드를 붙여 놓아도 좋겠지요.

1개월 된 아기는 색의 밝기나 강도에 민감해요. 그래서 이 시기의 아기는 선명한 보색이나 굵은 흑백 무늬를 선호하지요. 보통 부모들은 아기방을 꾸밀 때 은은한 파스텔 색을 선호하는데, 사실 영아는 4개월 정도 되어야 파스텔 색 등 다양한 색과 색조에 반응해요. 또한 사물보다 사람 얼굴을 선호하는 아기의 특성상 다른 소리보다 사람의 목소리를 좋아해요. 그중에서도 엄마의 목소리를 가장 좋아해요. 여성의 고음을 좋아하거든요. 그래서 어른들은 아이와 상호작용할 때 본능적으로 높고 경쾌한 소리로 반응하는 경우가 많아요.

언어발달

옹알이는 의미 있는 대화예요

1개월밖에 안 된 아기도 부모나 다른 사람들의 대화를 들으며, 다른 방에서 들리는 부모의 목소리를 구분할 수 있고, 부모가 말을 걸면 편안함을 느끼지요. 아기는 부모의 기쁜 표정을 인식하고 상호작용을 해요. 이 시기부터 아기는 부모와 음성을 주고받으며 초기 수준의 상호교환식 대화를 하고 음성 모방도 합니다.

2개월 정도 되면, 영아가 옹알이하며 특정 모음(아-아-아, 우-우-우)을 반복하는 소리를 들을 수 있어요. 이때 아기의 옹알이를 따라 하며 상호작용해 보세요. 아기가 이해하지 못하더라도 이때부터 책을 읽어 주면 좋아요. 아기가 글을 익힌다기보다는 상호작용을 느껴요.

또한 아기는 부모가 말하는 방식에서 부모의 기분과 성격을 짐작하고, 부모도 아기의 반응을 보며 아기의 기분이나 반응을 짐작해요. 예를 들면, 부모가 생동감 있게 어르는 어조로 말하면 아이가 웃지만, 부모가 소리를 지르거나 성난 어조로 말하면 아이는 놀라거나 입을 삐쭉거리고 울기도 하지요. 이처럼 생후 초기부터 아이와 부모는 상호작용을 해요. 부모가 아기와 매일 함께 지내며, 언제 먹을 것을 주는지, 기저귀를 가는지, 산책을 나갈 건지, 잠잘 시간인지 이야기해 주면 아이는 자연스럽게 생활 규칙을 알게 되지요. 아기가 이미 부모와 자신의 관계, 그리고 인과를 인지하고 있다는 증거예요.

3개월 된 아기도 주고받는 상호작용을 해요

2개월 된 아기는 매일 주위 사람들을 관찰하고 경청해요. 그러면서 사람들이 자신을 즐겁게 해주고, 달래 주거나 먹여 주고, 편안하게 해주는 상황을 학습해요. 부모가 뭔가를 해줄 때 아기가 좋아하고 웃는 것이 본능적인 행동 같지만 사실은 일상에서 부모와 반복하면서 배운 것이지요.

3개월 된 아기는 '웃음으로 하는 의사소통'을 자주 해요. 아기는 종종 부모의 관심을 끌기 위해 함박웃음을 짓거나 옹알이를 하면서 '대화'를 시작합니다. 때로는 부모의 얼굴을 살피며 얌전히 기다리고 있다가 부모가 웃어 주면 기쁜 듯 웃으며 반응해요. 아기는 부모 말의 리듬에 따라 손을 활짝 펴고 한 팔 또는 양팔을 올리거나 팔다리를 흔들며 움직여요. 우연히 하는 행동 같지만 자세히 살펴보면 부모의 말에 따라 아기가 움직이는 것을 알 수 있어요. 아기는 부모의 표정을 보며 자기 얼굴을 움직이고, 부모가 말할 때 입을 벌리고 눈을 뜨기도 해요. 또 부모가 혀를 내밀면 이를 따라 하기도 해요. 3개월 때부터 모방 능력이 나타나기 시작하는 것이죠.

아기가 가장 좋아하는 사람은 당연히 부모예요. 3~4개월이 되면 아기는 다른 아기들에게도 관심을 보여요. 형제자매가 있는 경우 그들이 말을 걸면 더 활짝 웃어요. 하지만 낯선 사람이 다가오면 호기심 가득한 눈빛을 보이는 것 외에는 별다른 반응을 보이지 않아요. 이처럼 아기는 어렸을 때부터 누가 누구인지 구분할 수 있는 분별 능력이 있어요.

아기의 웃음에 즉각적이고 생동감 있게 반응하며 아기와 '내화'해 주세요. 아기는 친숙한 사람들에게 애착을 느껴요. 그래서 생후 초기에 비언어적인 주고받기 놀이는 아기의 사회정서 발달에 중요한 역할을 하지요.

안아 달라고 칭얼대는 것은 버릇없는 행동이 아니에요

0~3개월 된 아이와 부모의 소통은 주로 아기의 욕구를 충족시켜 주며 이루어져요. 아기는 배고프거나 힘들 때 울거나 찡얼거리고, 몸을 격렬하게 움직이는 등 자신만의 방식으로 부모에게 알리지요. 시간이 지나면서 부모는 아기의 이러한 신호를 재빨리 눈치채고 아기가 원하는 것을 해결해 줄 수 있어요. 또한 이 시기에 아기의 욕구에 대한 신호를 부모가 얼마나 잘 인식하고 민감하게 반응해 주는가는 아이와 부모 간의 신뢰관계 형성에 영향을 미치지요.

때때로 아기는 까닭 없이 계속 칭얼대기도 해요. 아이의 욕구가 뭔지 명확히 알 수 없지만 대꾸해 주고, 또 노래를 불러 주거나 흔들어 주면 효과적일 수 있어요. 아이가 3세가 넘어 뇌의 전두엽이 발달하고 아기 스스로 일상적인 스트레스를 좀 더 쉽게 조절하는 방법을 터득하면 욕구 표현도 덜 하고 짜증도 참을 수 있어요.

생후 몇 달간, 아기의 많은 욕구를 충족시켜 주느라 부모가 쩔쩔 매는 듯이 보이고 때로는 아기의 작은 움직임에서 즉각적으로 반응해 주면 '손 탄다'며 버릇이 없어질까 봐 염려하기도 해요. 하지만 아이가 까다로운 것 같다고 단정하기보다 가능한 한 아이를 안정시키려 애쓸 필요가 있어요. 이 시기에 부모가 안정감을 제공해야 아이가 보다 주도적이고 건강한 인간으로 성장하는 데 필요한 관계와 신뢰 형성의 토대를 마련할 수 있으니까요. 생후 6개월까지는 아기가 칭얼댈 때 재빨리 일관되게 달래 주어야 애착관계가 잘 형성되고, 덜 까다로운 아이로 성장하도록 도울 수 있습니다.

●●● 아이의 잠재력을 이끄는 반응육아법

아이와 자주 눈을 맞추며 이야기해 주세요

어린 아기는 엄마가 어떤 표정을 짓고 있는지 살펴보고 이해하는 정도로 사회적 상호작용을 할 수 있습니다. 아이를 안아 주거나 앉아 있을 때 얼굴을 마주 볼 수 있는 자세로 몸을 낮추어 눈 맞춤을 하며 즐거운 놀이를 해보세요.

딸랑이나 소리 나는 장난감을 가지고 놀이해 보세요. 그러나 명심할 것은 '장난감이 내는 소리', '장난감 흔들기'가 목적이 아니라 아이와의 상호작용이 중요합니다. 예를 들어 장난감을 떨어트리거나 툭툭 치는 무의미한 듯한 행동에 그대로 반응해 주는 것이 더 중요합니다.

아기는 아직 언어 표현이 성숙하지 못하지만 자기만의 방식으로 상호작용을 하고 있습니다. 때로는 눈 깜박임으로, 때로는 손, 발을 젓는 제스처로, 때로는 "마마, 그그"같은 소리로 반응합니다.

일상에서 자주 눈을 맞추며 이야기하고 아기가 무엇에 관심 있어 하는지, 무엇을 하고 싶어 하는지 아기의 눈과 눈길이 닿는 곳을 확인하며 상호작용해 보세요. 단순하지만 이러한 과정의 반복은 아기와의 즐거운 일대일fase to face 상호작용 기회를 늘려 줍니다. 그리고 이러한 경험이 많을수록 아기에게 '내가 너에게 관심이 있고 소중하게 생각한다'는 것을 보여 주는 것이거든요. 이는 아이와 신뢰관계를 형성하는 데 기본이며 이후 자존감 발달에 중요한 역할을 합니다.

0~3개월 우리 아이는 잘 발달하고 있나요?

□ 놀이 중에 가끔씩 큰소리를 내나요?

□ 부모의 목소리를 들으면 웃어 주나요?

□ 움직이는 사물을 눈으로 따라가나요?

□ 사물을 잡을 수 있나요?

□ 사람을 보고 미소 짓나요?

□ 머리를 제대로 가누나요?

□ 장난감을 향해 손을 뻗나요?

□ 옹알이를 하나요?

□ 사물을 입으로 가져가나요?

□ 새로운 얼굴을 보고 관심이 가는 듯 오래 응시하나요?

까꿍놀이를 엄청 좋아해요

4개월 된 아기는 신체를 이용하여 원하는 사물을 사용하는 협응 능력이 발달하여 흥미를 느끼는 사물을 쉽게 입에 가져가요. 이후에는 점차 엄지와 다른 손가락을 이용해 이것저것 잡을 수 있어요. 9개월이 되어야 엄지와 검지로 집게 동작을 해서 물건을 잡을 수 있어요. 6개월에서 8개월 사이에는 양손으로 하나씩 사물을 잡고 다른 손으로 주고받거나, 사물을 이리저리 돌려보거나 뒤집으며 탐색해요.

언어발달

부모가 말하는 방식을 구별할 수 있어요

태어날 때부터 아기는 사람들이 내는 소리를 듣는데, 그중에서도 아기가 가장 흥미를 보이는 것은 부모의 목소리 높낮이예요. 부모가 달래는 투로 말을 하면 아기는 울음을 멈춰요. 반대로 부모가 성난 투로 말을 하면 아기는 부모의 목소리를 듣고 뭔가 잘못됐음을 느끼고 울기 시작하지요. 4개월 된 아기는 매일같이 옹알이를 하며 오랜 시간 동안 새로운 소리(머-머, 바-바)를 내고, 부모의 음성과 부모가 강조하는 단어나 문장에 민감하게 반응해요. 4개월 때부터 아기는 부모가 말하는 방식뿐 아니라 부모만의 소리 내는 방식을 변별하여 귀를 기울이기 시작해요.

아기는 모국어의 리듬과 특징을 이용해 옹알이를 하는데, 아기가 말하는 소리가 횡설수설처럼 들리지만 자세히 들으면 뭔가를 말하거나 질문하는 것처럼 목소리의 높낮이가 있어요. 6~7개월쯤 되면 아기는 적극적으로 소리를 흉내 내기 시작해요. 이때 부모가 아기의 언어에 좀 더 적극적으로 관심을 가지는 것이 좋아요. 이전까지는 아기와 하루 종일 혹은 며칠간 한 가지 소리만 반복했다면, 이제부터는 아기가 부모가 내는 소리에도 보다 즉각 반응하고 따라 하기 때문이지요. 예를 들면 아이를 돌봐 줄 때 '멍멍이', '우유', '까까', '맘마' 등과 같이 활동하는 상황에 맞는 단어로 대화해 봐요. 하지만 일부러 가르칠 필요는 없어요. 간단한 음절과 단어를 알려 주세요. 만일 아기가 7개월이 될 때까지 옹알이를 하지 않거나 소리를 흉내 내지 않으면 청력이나 언어 발달에 문제가 있는지 확인해 봐야 해요.

까꿍놀이가 재미있어요

생후 4개월 된 아기가 주변에 대해 무슨 생각을 하는지 정확히 알 수는 없지만, 아기는 태어나면서부터 자신을 둘러싼 주위 세상에 대해 학습해요. 이 시기의 아기에게 중요한 인지발달 중 하나는 '인과 관계'를 아는 것이에요. 아기는 4~5개월 사이에 우연한 경험을 통해 이 개념을 습득하게 되지요. 예를 들면 아기 침대 위에 모빌을 달아 놓고 아기가 발을 차면 소리가 나도록 실로 연결해 두었더니 아기는 이를 알아채고 발을 차는 횟수가 증가했어요.

이 시기의 아기들은 종이나 열쇠 따위를 흔들면 재밌는 소리가 난다는 것을 금세 알아채요. 또한 탁자 위에 놓인 사물을 치거나 바닥에 떨어뜨릴 때 주위 사람들이 '어이쿠, 떨어졌어.'라고 대꾸해 주거나 '어' 하며 놀란 표정을 지어 주는 등 여러 반응을 한다는 것을 알아 아기는 일부러 사물을 떨어뜨리기 시작해요. 부모는 아기가 귀찮게 한다고 생각할 수 있겠지만, 이는 아기가 인과관계를 배우고 자신이 환경에 영향을 미칠 수 있다는 통제감feeling of control을 배우는 중요한 사건이에요.

이 시기가 끝날 무렵 아기는 사물이 자신의 시야에서 계속 사라지는 현상을 인식하는데, 이것이 바로 '대상 영속성object permanence' 개념이에요. 대상(사물, object)이 오래 계속된다(영속, permanence)

는 것을 이해하는 개념이지요. 대상에는 사람person도 포함돼요. 이 시기 아기들은 자기 눈앞에 있는 것만으로 세상이 이루어졌다고 생각해요. 그래서 눈에 보이지 않는 것은 없다고 가정하기 때문에 부모가 방에서 나가면 영영 사라졌다고 생각하지요. 마찬가지로 부모가 옷이나 상자 안에 장난감을 숨기면, 아기는 이것들이 영영 사라졌다고 생각하여 찾으려고 하지 않아요.

4개월쯤 지나면 아기는 세상이 생각보다 더 영구적이라는 사실을 깨닫게 되지요. 그래서 이 시기 아이들은 까꿍놀이를 재미있어 해요. 손바닥으로 얼굴을 가리면 얼굴이 사라졌다가 손을 내리면 얼굴이 다시 나타나니까 아기는 크게 웃어요. 사물이 눈앞에서 사라졌다가 다시 나타나니 아기에게는 굉장히 신기한 일이지요. 그런데 까꿍놀이를 돌이 지난 아이들에게 하면 매우 시시해하지요. 그 이유는 대상 영속성 개념이 생겼기 때문이에요.

사회정서 발달

아기의 타고난 성향을 인정해 주세요

아기의 성격은 대개 타고난 기질에 의해 결정됩니다. 고유 기질에는 활동 수준, 지속성, 새로운 상황에 대한 적응성 등이 포함되는데, 부모라고 해서 자녀의 기질을 무조건 좋아하는 것은 아니에

••• 아이의 잠재력을 이끄는 반응육아법

요. 발달심리학자 토마스와 체스는 아이의 기질을 '순한 기질', '더딘 기질', '까다로운 기질'의 세 가지 유형으로 나누었어요. 순한 기질의 아이들은 활동 수준, 지속성, 새로운 상황에 대한 적응성 등이 안정적이어서 부모가 아이의 행동 패턴을 예측하기 쉽지요.

더딘 기질의 아이들은 처음에는 다소 까다로운 듯하지만 조금만 기다려 주면 얼마 지나서부터는 새로운 환경에 적응하고 안정적인 반응을 보이게 돼요. 그런데 까다로운 기질의 아이는 행동 패턴의 규칙을 부모가 찾기 어렵고, 새로운 자극에는 매번 예민하게 반응하고 자기의 선호를 고집하기도 하지요. 이 때문에 부모 입장에서는 까다로운 기질의 아이를 양육하기 매우 어렵게 느낍니다. 하지만 아기의 '까다로운 기질'을 부모가 바꾸려 하기보다 맞춰 주는 것이 아기와 보다 편한 관계를 맺는 방법이에요. 타고난 아기의 기질을 바꾸기는 상당히 어렵거든요.

다르게 생각해 보면 호불호가 강해서 그렇지 그 아이가 하고 싶은 것도 사실 '선호의 하나'라고 할 수 있어요. 따라서 부모는 아기의 기질에 대해 부정적 판단을 하기보다 아이의 특성으로 이해하고 긍정적으로 받아들이고 인정하는 편이 양육 스트레스를 줄일 수 있어요.

한편 내성적이거나 성격이 예민한 아기의 경우, 다른 기질의 아기보다 각별한 주의가 필요해요. 아기가 조용하고 까다롭지 않은 경우, 부모는 아기가 만족하고 있다고 생각하기 쉽거든요. 또는 아기가 예민해서 잘 웃지 않으면 부모는 아기와 놀아 주는 데 흥미를 잃을 수 있어요. 사실은 이 유형의 아기들은 다른 아기들보다 부모와의 접촉이 더 필요합니다.

●●● 아이의 잠재력을 이끄는 반응육아법

일상생활에서 사용하는
친근한 장난감을 가지고 상호작용해요

아이는 주변 사물을 탐색하는 것에서부터 인지 발달을 시작합니다. 이 시기 아이들은 막 앉고 기어 다니며 운동 발달이 빠르게 진행되면서 무엇이든 혼자 스스로 하기를 좋아합니다.

아이 주변에 친근한 장난감(예컨대 집에서 사용하는 주방용품, 젖병, 이유식 숟가락, 가족사진 등)을 놓아 주고 아이가 선택할 수 있게 지켜봐 주세요. 주변 사물을 가지고 탕탕 치거나 놀이 중에 내던지고 때로는 입으로 가져가 감각적 자극을 위해 장난감을 조작하는 것을 즐깁니다.

아이가 그러한 도구를 사용하는 대로 놀이를 따라 해 보세요. 아이가 즐거워하면 놀이를 확장하여 친근한 장난감을 아이 뒤나 옆에 숨기고 찾는 까꿍놀이를 하는 것도 두뇌 발달에 도움이 됩니다. 그리고 아이가 자기 방식대로 충분히 놀게 해주고 반응해 줄 때 아이는 자기 것을 부모와 함께 공유하는 방법을 배우며 이후 주도성을 잘 발휘할 수 있어요.

4~7개월 우리 아이는 잘 발달하고 있나요?

☐ 새로운 사람에게 안기기를 거부하나요?

☐ 주위의 소리에 고개를 돌려 반응하나요?

☐ 입에 사물을 가져가며 탐색하나요?

☐ 거울을 보며 흥미로워하나요?

☐ 상대를 보고 웃어 주나요?

☐ 부모에게 의지하여 앉아 있나요?

☐ 놀 때, '아그', '까르르'와 같은 소리를 내나요?

☐ 적극적으로 사물을 향해 손을 뻗나요?

☐ 적극적으로 옹알이를 하나요?

☐ 까꿍놀이를 재미있어 하나요?

••• 아이의 잠재력을 이끄는 반응육아법

낯선 사람을 싫어해요

8개월 된 아기는 이제 엄마의 도움 없이 혼자서 바로 앉을 수 있어요. 때때로 넘어지기도 하지만, 스스로 팔을 사용해서 넘어지지 않으려고 해요. 그리고 이 시기의 아기는 대상을 가리키거나 기어가거나, 어떤 몸짓을 하여 자신이 무엇을 원하는지 전달하기 시작해요.

언어발달

자발적으로 내는 소리가 많아졌어요

처음에 내던 쿠잉 소리, 까르륵 소리, 꽥꽥 소리는 이제 '바', '다', '가', '마'처럼 알아들을 수 있는 음절로 바뀌어요. 아기가 우연히 '마마' 또는 '바이 바이' 같은 소리를 낼 때 부모가 기뻐하면 아기는

'내가 의미 있는 말을 했구나.' 하고 인식하게 되지요. 즉 아기가 우연히 낸 "마마"라는 소리에 부모가 의미를 두고 '네가 그런 소리를 냈어?'라는 의미로 "마~마~"라고 반복해서 반응해 주면, 아기는 부모의 관심을 끌기 위해 '마마'라는 소리를 더 많이 사용하지요.

언어는 비언어적인 표현으로 시작해요. 일상에서 아기가 좋아하는 장난감을 줄 때나 목욕시킬 때, 옷을 갈아입힐 때나 이유식을 먹일 때 상황에 맞추어 간단하고 구체적이며 일관된 표현을 쓰는 것이 좋아요. 일관된 표현이란 '고양이'를 말할 때 '야옹이', '나비' 등 여러 가지 이름으로 부르지 않고 한 가지로 정해서 부르는 것을 말해요. 다양한 표현은 좀 더 발달하면 이해할 수 있어요.

아기에게 책을 읽어 주거나 말을 걸 때는 아기가 참여할 수 있는 기회를 많이 주세요. 이 시기 아기는 정확한 말로 대화를 주도하지 못하기 때문에 아기가 "가가가가"라고 말하면 부모는 아기의 말을 따라 반복하고 아기가 무엇을 하는지 지켜보세요. 아기가 "가가가가"라고 말하면 부모는 정확하게 "고양이가 있어요. 고양이가 친구를 만났어요." 하며 길게 설명해 주기보다 아기의 말투 대로 반응하고 표현해 주는 것이 더 효과적이에요. 이렇게 정확하지 않은 말을 따라 하는 상호작용이 무의미해 보이나요? 이것은 아기가 항상 환영받는 참여자임을 알려 주는 것이에요. 그리고 아기는 부모의 관심을 받을 때 더욱 그 단어를 많이 사용하게 되고, 그래서 자연스러운 반복 연습의 효과로 나타나지요.

하고 싶은 게 많아졌어요

8개월쯤 되면 아기는 주변 사물에 호기심이 많아져 관심을 보이며 사물을 살피지만, 주의집중 시간은 매우 짧아서 한 가지 장난 감을 가지고 노는 시간은 기껏해야 2~3분에 불과해요. 12개월 정도 되면 아기는 흥미로운 장난감을 가지고 약 15분 정도 놀 수 있어요. 하지만 어린 아기들은 팔을 휘젓거나 몸을 앞뒤로 흔드는 등계속 몸을 움직이기 때문에 어른들이 생각하는 수준만큼의 특별한 주의집중을 기대하기는 어려워요.

재미있는 것은 이 시기 아기들이 관심 있어 하는 사물은 정교한 장난감이나 교구보다 나무 숟가락, 플라스틱 용기, 주방 도구, 달걀 판 등과 같이 집에 있는 평범한 것들이에요. 아기는 자신이 이미 알고 있는 친숙한 사물보다 조금 다른 것에 흥미를 보이기 때문에 집안 용품을 응용하여 공을 넣거나 끈을 매어 끌어당기는 장난감을 만들어 주어도 좋아요. 이런 작은 변화를 통해 아기는 익숙한 사물과 낯선 사물의 미세한 차이를 감지할 수 있어요. 또한 장난감을 고를 때 이미 본 사물과 너무 비슷한 사물은 아기의 관심을 끌지 못하고, 또 너무 낯선 사물은 혼란을 일으켜 흥미를 보이지 않기도 해요. 이는 친숙한 사물에 흥미를 가지며, 신기한 것에 관심을 보이는 아기의 발달적 특성 때문이에요.

7~8개월 정도가 지나 기기 시작할 때 아기는 스스로 새로운 것을 찾아 나섭니다. 방 안에 있는 서랍이나 휴지통, 부엌 수납장을 뒤지거나, 손에 잡히는 것들을 이용해 나름 정교한 실험을 진행해요. 아기는 사물이 어떻게 작동하는지 보기 위해 계속해서 사물을 떨어뜨리고, 굴리고, 던지고, 감추고, 흔들어 보기도 하지요. 이와 같은 행동이 언뜻 보기에는 우연한 놀이처럼 보이지만, 세상이 어떻게 돌아가는지를 알아내기 위한 아기만의 이해 방식이에요. 훌륭한 과학자처럼 아기는 자신의 능력 수준 안에서 사물의 특징을 관찰하고, 관찰을 바탕으로 모양(어떤 사물은 굴러 가지만 그렇지 않은 것도 있다), 질감(어떤 사물은 까칠하고, 또 어떤 사물은 부드럽거나 매끈하다), 크기(어떤 사물은 다른 사물 안에 들어간다)에 대한 사고를 키워 갑니다.

특히 이 시기 아기들은 입을 통해 사물을 탐색하기 때문에 손에 쥐는 모든 것을 입으로 가져가요. 이러한 수행을 통해 어떤 것은 먹을 수 있고 어떤 것은 그렇지 않음을 이해하기 시작해요. 단, 부모는 곁에서 위험한 물건이 아기의 입에 들어가지 않도록 해주어야 해요. 부모가 무조건 제지만 한다면 아기의 탐색 활동을 방해할 수 있으므로, 부모는 아기의 발달 수준에 적합한 환경을 만들어 주고 안전을 살펴 주도록 해요.

첫돌 무렵, 아기들은 사물이 이름과 나름의 기능도 가지고 있음을 인식하고 놀이에 반영해요. 예를 들어 부모를 따라 전화기를 귀

••• 아이의 잠재력을 이끄는 반응육아법

에 가져가요. 빗, 칫솔, 컵, 숟가락 등의 사물을 아기에게 주고 이것들을 기능에 맞게 사용할 때 부모는 활기 있게 반응해 주세요. 이처럼 아기의 발달 활동을 격려해 주면 인지 발달에 도움이 돼요.

변덕을 부리며 엄마만 좋아해요

8~12개월 된 아기는 가끔 변덕을 부리기도 해요. 한편으로는 온순하고 부모의 말을 잘 따르지만, 다른 한편으로는 불안해하고 집착하고 주위 사람이나 사물에 겁먹기도 하지요. 이 시기의 아기가 낯선 사람과 있을 때 느끼는 불안감은 태어나서 처음으로 경험하는 정서들이에요. 3개월 때는 낯선 사람을 봐도 별 변화를 보이지 않다가 8~12개월에는 낯선 사람이 다가오면 심하게 긴장하는 모습을 보여요. 이러한 아기의 태도가 부모는 당황스럽기도 한데, 이는 이 시기에 나타나는 지극히 정상적인 반응이므로 걱정하지 마세요. 이전에 스스럼없이 대했던 친척이나 아이 돌보미를 봐도(특히 갑자기 다가오면) 아기는 숨거나 울어요. 더군다나 부모와 떨어질 때는 더 심하게 울며 긴장하지요.

이러한 '낯가림' 현상은 보통 생후 10주에서 18주까지 절정에 이르다가 만 2세가 끝날 무렵 사라져요. 이는 '대상영속성' 개념 발달과 관련이 있어요. 대상영속성 개념은 모든 사물은 각각 그 특성대로 유일한 존재이고 그 특성은 영구적임을 깨닫는 것인데, 아직 대상영속성 개념을 인지하지 못한 아기는 부모가 눈앞에 안 보이면 자신과 함께 있지 않다고 느껴 힘들어해요. 영아는 시간 개념이 없기 때문에 부모가 언제 돌아올지 몰라 더욱 불안해하지요. 그러나 아기가 정서적으로 발달하면서 점차 엄마와 일시적으로 떨어져 있어도 함께했던 과거 경험을 기억하며 스스로 안정을 찾고, 엄마와 다시 만날 것을 기다립니다.

부모와 함께 있고자 하는 아기의 욕구는 처음 사랑한 사람이자 가장 사랑하는 부모에 대한 애착이 나타난 것이에요. 어떤 부모는 아기가 정서적으로 자신에게 매달려 한시도 떨어지지 않아 숨 막히는 기분이라고 하고, 아기를 떼어 놓을 때 우는 모습을 보며 죄책감이 든다고도 해요. 직장 맘인 경우, 아기를 떼어 놓을 때마다 마음이 좋지 않고, 일을 한다는 것에 회의감이 들기도 한대요. 하지만

이러한 낯가림 현상은 아기의 발달 과정에서 일시적으로 나타났다가 사라집니다.

따라서 이 시기에 아기들이 나타내는 정서적 표현에 대해 그리 심각하게 생각하지 않아도 괜찮아요. 왜냐하면 아기는 부모와 헤어질 때 눈물을 뚝뚝 흘리며 울지만, 몇 분만 지나면 울음을 뚝 그치거든요. 아기가 심하게 우는 것은 부모에게 '딴 데 가지 말고 나와 함께 있어 주세요.'라고 표현하는 것이죠. 하지만 부모가 눈앞에서 사라지면 아기는 같이 있는 사람에게 주의를 돌려요. 이는 제2의 친밀한 양육자를 선택하는 것이에요.

아기들은 '다인수 애착'을 형성하는데, 다시 말해 한 사람과만 애착관계를 형성하지 않는다는 것이죠. 물론 자신의 주 양육자이고 가장 사랑하는 엄마에게 애착이 가장 크지만, 다른 사람과도 친밀한 애착을 가져요. 육아 휴직을 끝내고 복직을 준비하는 엄마라면 자신과 애착 관계를 형성한 아기를 어떻게 떼어 놓을까 하는 걱정으로 무척 힘들어해요. 이럴 때는 미리 몇 가지를 연습해 두면 좋아요.

격리불안에 대처하려면 집에 있는 동안 아기의 시선에서 짧은 시간 벗어나 있다가 다시 아기 앞에 모습을 보이는 연습을 해보세요. 예를 들어 아기가 다른 방에 기어가면 바로 따라 들어가지 말고 1~2분 정도 기다리세요. 몇 초간 다른 방에 가야 할 경우, 아기에게 '다른 방에 잠깐 갔다가 돌아올게.'라고 말해 주세요. 아기는 말을 이해하지 못하더라도 그 상황의 분위기와 엄마의 몸짓 등으로

••• 아이의 잠재력을 이끄는 반응육아법

엄마가 의도하는 바를 이해해요. 그리고 엄마가 시야에서 사라졌을 때 아기가 울음을 터트리면 아기 이름을 부르며 스스로 안정을 찾도록 해보세요. 그리고 아기에게 다가가세요. 아기는 점차 엄마가 없어도 끔찍한 일이 일어나지 않으며, 엄마가 다시 돌아온다고 하면 반드시 돌아온다는 것을 학습하게 됩니다.

자기이해

거울놀이가 재미있어요

낯가림 시기가 지나면서 아이들은 자아 개념이 정립되어 낯선 사람을 만나고 부모와 떨어져 있는 것이 좀 더 수월해져요. 발달심리학자 쿠레이는 '거울에 비치는 모습에 대한 인식 실험'을 통해 아기들의 자기 인식Self recognition 발달에 관해 설명했습니다.

8개월까지의 아기는 거울을 또 다른 흥미로운 사물이라고만 여기기 때문에 거울 속에 비친 자신의 모습을 다른 아기 또는 빛과 그림자가 만들어 낸 마술적인 이미지로 생각할 뿐이지요. 그러나 8개월이 지나면 아기의 반응이 달라지는데, 이때는 거울에 비친 얼굴을 자기 자신으로 인지합니다. 아기의 코에 빨간 립스틱을 묻히고 거울을 보여 주면 자기 인식이 발달한 아기는 자기 코를 만져 보거나 머리카락을 당겨 보아요. 부모는 일상에서 거울놀이를 통해 아이가 자기를 인식하는지 자아정체감Self identity을 확인해 보세요.

한편 이 시기 아기들은 이전에는 겁 없이 받아들였던 사물이나 상황을 두려워하기도 해요. 즉 어둠이나 천둥번개를 무서워하고, 진공청소기 등 시끄러운 소리를 내는 가전제품을 두려워하기도 하지요. 엄마는 예전에 안 그랬는데 갑자기 두려움을 많이 느끼는 아기를 걱정할 수도 있어요. 그러나 이는 지극히 정상적인 발달 현상이에요. 지금 당장은 아기가 언어 이해 능력이 미숙하기 때문에 두려움의 근원을 되도록이면 없애 주거나 "무서워."하며 인정해 주는 것이 바람직한 해결책이에요. 나중에 아기와 대화할 수 있는 시기가 되면 이에 대해 설명해 주어 두려움을 완화시킬 수 있지요.

예를 들어 천둥소리나 비행기 소음이 들릴 때마다 "아이 무서워, 엄마가 안아 줄게?"하며 아기를 안심시켜 주면, 두려움이 점차 완화되어 부모를 바라보는 것만으로도 안심할 수 있어요. 이때 "괜찮아, 뭐가 무섭다고 그래?" 하면서 어른 입장에서 생각하지 마세요. 그러면 아기는 혼자서 두려움을 이겨 내야 하는 부담까지 더해져 더욱 불안감을 키우게 되니까요.

그림책을 읽어 주면서 아이가 짓는 얼굴 표정, 무의미한 소리에 즉각적으로 반응해 주세요

아이가 장난감을 가지고 놀면서 자신이 좋아하는 것을 드러내기 시작합니다. 아이가 평소에 하는 일반적인 행동을 차분히 관찰해 보세요.

아이의 작은 행동, 예를 들면 트림, 얼굴 표정의 변화, 웅얼거리는 발성과 같은 행동에 적극적으로 반응해 주세요. 아이가 '아', '어'와 같은 무의미한 발성을 할 때 "아~아!" 하며 머리를 쓰다듬어 주거나 엉덩이를 토닥토닥해 주세요.

만일 아이가 손을 무심코 움직였을 때 부모가 이것을 인사하는 의사소통적인 동작으로 의미를 부여하며 "안녕!" 하고 반응해 주세요.

아이는 다른 사람에게 자기 감정이나 요구를 전달하는 능력을 가지게 됨에 따라 점차 부모와의 상호작용을 즐기고 발전시키게 됩니다. 아이가 만들어 낸 이와 같은 사소한 행동에 즉각적으로 반응해 주는 것은, 아이에게는 자신에게 관심을 가지고 있다는 것, 상대가 자신을 수용할 용의가 있다는 것을 전달하는 것이며 다음 행동을 더 잘 표현하게 하며, 자신감을 키우는 데도 도움이 됩니다.

8~12개월 우리 아이는 잘 발달하고 있나요?

☐ 단순한 언어적 요청에 반응하나요?(예: "코 어디 있지?")

☐ '아니오'라는 뜻으로 고개를 젓는 반응을 하나요?

☐ '마마', '다다'와 같은 발성을 하나요?

☐ 엄마가 말한 단어를 따라 하려고 하나요?

☐ 다양한 방식으로 사물을 탐색하나요?(예: 흔들기, 내려치기, 던지기, 떨어뜨리기)

☐ 눈앞에서 보자기 밑에 사물을 숨기면 쉽게 찾아내나요?

☐ 엄마의 동작을 따라 하나요?(예: 혀 내밀기)

☐ 그림책에 있는 사물 이름을 말하면 그 그림을 쳐다보나요?

☐ 사물의 사용 기능을 아나요?(예: 컵으로 물 마시기, 머리 빗기, 전화기 귀에 대기)

☐ 기어 다닐 수 있나요?

●●● 아이의 잠재력을 이끄는 반응육아법

엄마 말을 알아들어요

걷기 능력은 이 시기에 성취해야 할 가장 중요한 신체 발달 과업이에요. 첫 걸음마를 뗀 지 6개월 정도 지나면 아기의 걸음이 눈에 띄게 성숙해져요.

언어발달

엄마가 하는 말을 잘 알아들을 수 있어요

만 1세가 되면 아이는 이제 부모가 말하는 모든 것을 이해하기 시작해요. 부모가 "밥 먹자"라고 말하면 아이는 어느새 식탁 앞에 앉아 밥 주기를 기다리고, "신발 어딨지?" 하면 자기 신발을 찾아옵니다. 이때쯤 되면 아이는 부모가 아기 말투로 대화하지 않고 평상시 언어로 말해도 이해할 수 있으므로 간단한 단어와 짧은 문장 위

주로 천천히 또박또박 말해 주면 좋아요.

또한 사물이나 신체 부위를 말할 때 '까까', '찌찌'와 같은 유아어를 사용하지 않고 '과자', '우유'로 표현해도 아이가 잘 받아들일 수 있어요. 하지만 아이가 여전히 유아어를 사용한다면 "똑바로 말해 봐, 그거 아니잖아." 하면서 아이의 시도를 방해하면서까지 교정할 필요는 없어요. 아이는 그저 엄마의 반응을 얻고 싶어서이지 퇴행하는 것은 아니니까요.

아이마다 개인차가 있지만 만 1세가 끝날 무렵이면 최소한 50개의 단어를 알고, 두 단어를 조합해 짧은 문장을 만들 수 있어요. 처음에 아이는 자신이 하고 싶은 것을 한 단어로 표현하기도 해요. 예를 들어 아이가 "공"이라고 하면 '공을 내게 굴려 주세요.' 하는 뜻일 수도 있어요. 그리고 만 1세가 지나면 두 개의 단어로 이루어진 문장을 쓰기 시작해요. 예를 들어 "공 위로!" 또는 "우유 마셔." 와 같은 문장이나 "이게 뭐지?"와 같은 질문을 만들 수 있어요.

초기에는 아이가 특정 소리를 생략하거나 다르게 발음하기 때문에 이런 초기 단어들을 이해할 수 있는 사람은 부모밖에 없어요. 부모는 시간이 지나면서 아이의 몸짓을 이해하고 상황을 보며 아이가 무슨 얘기를 하는지 이해하기도 하지요. 그러나 아이가 부정확한 언어를 표현했다고 해서 곧바로 정정하거나 핀잔을 주면 아이는 자신감을 잃게 되고 스스로 표현하는 주도성을 키우는 데 방해가 됩니다.

아이가 말하고자 하는 바를 끝까지 말하고 단어를 올바르게 발음할 수 있도록 시간을 주세요. 부모가 기다려 주고 아이가 먼저 낸 소리에 즉각 반응해 줄수록 아이의 발음도 점차 올바르게 됩니다.

일상 행동을 모방하며 놀아요

모든 놀이나 일상의 사건이 아이에게는 학습의 장이며, 아이는 그것에서 사물이 작동하는 방식에 대한 온갖 정보를 수집해요. 또한 결정을 하거나 놀이와 관련된 문제를 해결하기 위해 이미 얻은 정보를 이용해요.

만 1세 아이에게서는 모방이 흔히 나타나는데, 이는 학습 과정의 필수 능력이에요. 이 시기 아이들은 빗으로 머리를 빗거나, 전화기에 대고 옹알대거나, 장난감 차의 핸들을 돌리며 운전하는 행동을 해요. 처음에는 혼자 이렇게 행동하다가 점차 타인이나 다른 사물을 끌어들여 공동 활동을 펼쳐 나가지요. 예를 들어 인형의 머리를 빗겨 주거나, 부모에게 자신의 책을 읽어 주거나, 장난감 음료를 친구에게 내주거나, 장난감 전화를 부모의 귀에 대주어요. 이와 같이 일상생활 사건을 모방하는 능력, 부모나 또래와 함께 자신의 활동을 이어 가는 공동 활동, 다른 사람을 자신의 활동에 끌어들이고 자신이 하는 것에 함께 관심을 가지길 원하는 공동주의 능력은 학습하는 데 중요한 기초 역량이 됩니다.

만 2세가 되면 대상영속성 개념이 완전히 생겨서 숨바꼭질 놀이나 부모가 숨긴 물건을 능숙하게 찾아내요. 아이가 숨바꼭질 놀이를 잘할 수 있다면 부모와 떨어지는 것이 보다 수월해졌다는 뜻이에요. 숨겨진 사물을 볼 수 없어도 어딘가에 있음을 알고, 부모가 하루 종일 곁에 없어도 언젠가 돌아옴을 아는 것이죠. 부모가 직장이나 슈퍼마켓에 갈 때 아이에게 행선지를 말해 주면 아이는 그곳에 있는 부모의 모습을 떠올리며 부모와 떨어져 있는 시간을 잘 견딜 수 있어요.

한편 이 시기의 아이는 아직 판단력이 부족해요. 예를 들어 엘리베이터를 타서 버튼을 누르면 문을 빨리 닫을 수 있지만, 문틈에 손

•••• 아이의 잠재력을 이끄는 반응육아법

을 넣으면 어떤 일이 발생할지는 예측하지 못해요. 또한 아이가 고통을 경험하더라도 그 사건을 기억하지 못해 또다시 위험을 겪을 수 있어요. 그러니 이 시기에 부모는 항상 아이 곁을 보살피고 지켜줘야 해요.

사회정서 발달

상대방의 입장을 잘 이해하지 못해요

만 1세 된 아이들은 다른 사람들의 존재를 인지하고 미미하게 관심을 갖지만, 타인이 어떻게 사고하고 느끼는지는 알지 못해요. 남들도 자신과 똑같이 사고한다고 생각하지요. 아직 '감정이입 empathy 능력'이 발달하지 않았기 때문이에요.

이 시기 아이들은 '자기중심적' 사고를 하기 때문에 다른 아이들과 잘 어울리지 못하기도 해요. 장난감을 가지고 놀지만 협동 놀이는 잘 못해서 장난감을 독차지하려 해요. 다른 아이가 자신의 장난감을 만지기라도 하면 재빨리 뛰어와 장난감을 낚아채요. 이때 부모는 "사이좋게 놀아야지.", "그러면 나쁜 사람이야." 하면서 아이를 제지하지 마세요. 그보다는 "그래, 그건 네 장난감이야, 친구가 그냥 보기만 한 거야. 빼앗으려는 게 아니야." 하고 말하며 아이의 감정을 인정해 주세요. 여유가 있다면 장난감을 몇 가지 골라 같이 있는 아이들에게 하나씩 나누어 주어도 좋아요.

　이렇게 만 1세 아이들에게 '나눔'은 아직 무의미한 말이에요. 이 시기 아이들은 대부분 자기중심적인 동시에 적극적이라 자신이 좋아하는 장난감에 다른 아이가 관심을 보일 때 경쟁 상황을 만들어 종종 싸우게 돼요. 이때 만약 부모가 어른 입장에서 아이를 대한다면 아이는 자신을 이해하지 않는 부모를 방해꾼으로 느껴 애착 관계를 형성하기 어려워져요. 따라서 아직은 나누고 타협하는 능력이 미숙한 아이이므로 부모가 중재자가 되어 공평히 나눠 주고 보살펴 주어야 합니다. 그 자리에서 잘잘못을 따져 누가 잘했고 누가 잘못했는지를 판단하여 벌을 주는 것은 너무 가혹하지요. 그러면 아이는 단지 '엄마는 나를 미워해.'라고 생각하고 관계만 나빠져요. 아직은 정의보다는 감성이 우세할 때이니까요.

'내가 해줄게'라는 말을 참아 보세요

아이의 발달 상태가 매일 달라지며 빠르게 성장하고 있는 것을 느낄 거예요. 때로는 혼자 시도하는 일이 많아지는데, 부모 입장에서는 서툴러 보여 지켜보기가 답답할 수도 있지요. 그러나 아이는 그러면서 최선의 발달을 하고 있는 중입니다.

아이가 아직 어려서 아무것도 할 수 없다고 판단한 부모는 자신이 많은 자극을 주어 아이의 표현을 이끌어 내야 한다고 생각합니다. 아이와 하는 일상적인 대화에서 "지금 뭐해.", "맛있어?", "재미있어?, 내가 해줄게." 등등, 아이의 응답과는 상관없이 어른이 끊임없이 말하고 있다면 무의미한 질문일 뿐 대화는 아닙니다.

아이의 응답이 없이 일방적인 부모의 말만 있다면 현재 아이 상태에 비해 규칙과 기대를 너무 높게 가졌는지 생각해 보아야 합니다.

아이가 과일 중에 '포도'만 알고 있는데 다른 과일을 보여 주며 무엇인지 맞혀 보라고 하지는 않는지요? 평소에 아이가 일상생활에서 하는 말, 행동을 관찰하고 기록해 보세요.

아이의 발달 상태에 맞는 기대를 해야 놀이 활동을 할 때 아이가 좌절하지 않고, 스스로 생각한 것을 해보겠다는 자율성을 키울 수 있어요. 이것은 적극적으로 실행해 보는 자신감까지 키워 줄 수 있습니다.

만 1~2세 우리 아이는 잘 발달하고 있나요?

☐ 사물이나 그림의 이름을 말하면 아기가 해당 사물 그림을
　가리키나요?(예: "○○가 어디에 있어요?")

☐ 익숙한 사람, 사물, 신체 부위의 이름을 사용하나요?(예:
　"저것은 무엇이에요?", "저 사람은 누구예요?")

☐ 몇 개의 단어를 말하나요?(예: 18개월 된 아기는 15개 정도)

☐ 2~4개 단어로 이루어진 문장을 사용하나요?

☐ 간단한 지시를 수행하나요?(예: "○○ 가져오세요.")

☐ 두세 겹 덮개 밑에 숨겨진 물건을 찾아내나요?

☐ 모양과 색깔을 구별하여 정리하나요?

☐ 어른이나 다른 아동의 행동을 모방하나요?

☐ 거울을 보며 자신을 인식하나요?

☐ 또래 아이들과 어울리는 것을 좋아하나요?

••• 아이의 잠재력을 이끄는 반응육아법

나도 할 수 있어요

만 2세가 되면 어휘가 폭발적으로 늘어요. 그리고 뛰어다니고, 발로 차고, 오르고, 뜀박질을 하며 쉴 새 없이 움직여요. 그래서 때로는 아이의 주의집중 시간이 전보다 더 짧아진 것처럼 보이기도 해요.

언어발달

언어 능력이 폭발적으로 성장해요

만 2세가 되면 아이는 어른이 하는 말을 대부분 이해할 수 있고, 50개 이상의 단어를 사용할 줄 알아요. 2~3개의 단어로 이루어진 문장(예: "주스 마셔요.", "엄마는 초코쿠키 좋아해.")과 4~6개의 단어로 이루어진 문장(예: "공이 어디에 있어, 아빠?", "인형이 내 무릎에 앉

았네.")을 말할 수 있어요. 또 대명사(나, 너, 우리)를 사용하고, '내 것
(내 컵, 내 인형)'의 개념을 사용할 줄 알아요.

이 시기에 언어 능력이 상승하고, 만 2세가 지나면 상대와 말장
난을 즐길 정도로 언어 능력이 발달해요. 발달심리학자들은 이 시
기를 '언어 폭발기'라고 표현해요. 그래서 부모들은 자녀의 언어 능
력이 다른 또래 아이와 비교하여 어느 정도 수준인지 알고 싶어 하
지요. 그러나 발달을 이해하는 기본은 '개인차'를 인정하는 것이에
요. 자녀를 키울 때 우리 아이의 특성과 발달 수준을 이해하는 것이
무엇보다 중요합니다. 언어 능력과 인지는 매우 관련성이 크지만,
아이가 말을 잘하는 것과 지금 말로 표현하지 않는 것과는 달라요.
조용한 아이는 말이 많은 아이만큼 많은 단어를 알고 있지만, 겉으

로 표현하지 않는 성향일 수도 있거든요. 일반적으로 남자아이는 여자아이보다 늦게 말을 시작하지만, 이런 차이는 취학 연령이 되면 좁혀지지요.

자기중심 사고가 강해서 고집불통이에요

만 2세가 된 아이들은 언어 이해도가 높아지면서 사물, 행위, 개념에 대해 머릿속에서 이미지를 형성하여 실제 사물을 다루지 않고도 문제를 해결할 수 있게 돼요. 게다가 아이의 기억력과 인과 능력이 발달하면서 "저녁밥 먹고 놀자."와 같은 간단한 시간 개념을 이해하지요. 또한 사물 간의 관계를 이해할 수 있어요. 모양 맞추기 장난감과 간단한 퍼즐을 비슷한 모양끼리 맞출 수 있고, 사물을 가지고 셈을 하기도 해요.

인과에 대한 이해도도 높아져서 아이는 장난감 태엽을 감거나 조명과 가전제품을 끄고 켜기도 하고, 좀 더 복잡하고 논리적으로 놀이를 할 수 있어요. 예를 들어 인형놀이를 할 때 처음에는 인형을 침대에 눕힌 뒤 이불을 덮어 주고, 다시 인형을 앉혀 놓고 음식을 먹이며 놀이를 해요. 두서없이 이것저것 하는 것이 아니라 순서대로 놀이를 하는 거예요.

이 시기 아이들에게 나타나는 인지적 한계는 '세상의 모든 현상이 자신으로부터 시작되고 자신을 중심으로 결과를 생각하며, 모든 사물을 살아 있는 생명체로 보는 사고방식'이에요. 예를 들어 아침의 해는 자신을 깨우기 위해 뜬다고 생각하지요. 아이의 이러한 사고를 이용하여, 만일 밤늦게까지 블록놀이를 하며 잠을 자지 않을 때 "네가 블록을 잡고 있으면 블록이 잠을 자지 못해 피곤해서 내일은 너랑 놀지 못해."라고 말해 주세요. 이렇게 말해 주는 것이 "내일 유치원에 가려면 일찍 일어나야 해, 지금 이렇게 늦게까지 놀면 피곤해서 내일 못 일어나."라는 사실적 설명보다 아이 입장에서는 훨씬 이해가 빠를 거예요.

만 2세 아이들은 '미운 세 살'이란 말이 있듯이 고집불통처럼 보여서 타협이나 설득이 매우 어려울 때가 많아요. 이 시기 아이들은 '자기중심적 사고'를 하기 때문에 자신의 욕구에만 관심을 가지며 이기적인 행동을 보여요. 이러한 사고가 바탕이 되어 '내가', '싫어'라는 말로 표현하기도 해요. 아이는 자신의 장난감을 또래 아이와 공유하지 않으려 하고, 자신이 관심 있는 장난감은 상대를 가리지 않고 빼앗으려 하지요. 이러한 행동에 대해 부모는 아이가 공격적인 것은 아닌지 걱정하지만, 자기중심적 사고 단계에 있는 이 시기 아이들에게는 흔한 행동이에요.

엄마놀이, 아빠놀이를 좋아해요

이 시기 아이들은 다른 사람의 행동과 몸짓을 모방하기를 좋아해요. 모방과 가장놀이Pretending Play를 가장 좋아하지요. 예를 들어 인형놀이를 하면서 부모가 잠자리에서 아이에게 하는 행동이나 밥 먹을 때 김치도 먹으라고 재촉하는 어조와 단어를 그대로 따라 해요. 일상에서 아이가 부모의 지시를 거부하면 엄마는 "너는 왜 엄마 말을 안 듣니?"라며 다그치잖아요? 그것처럼 아이가 가장놀이를 할 때 엄마가 했던 말을 인형에게 그대로 사용해요. 따라서 가장놀이는 다른 사람의 입장을 이해하는 데 도움을 주므로 부모는 일상에서 좋은 역할 모델이에요.

고집불통인 만 2세 아이가 타인에게 예의바르게 행동하도록 가르치려면 무엇보다 많은 경험을 하여 시행착오를 스스로 겪게 하면 돼요. 아이가 공격적 행동을 하고 다른 아이들과 잘 어울리지 못한다고 해서 일부러 함께 놀지 못하게 해서는 안 돼요. 처음에는 두세 명 정도의 소집단 무리에 함께 어울리게 한 뒤 다른 아이를 다치게 하거나 기분 상하게 하지 않는지 아이의 행동을 유심히 관찰하세요. 아이 스스로 감정을 다스리고 상대방의 반응에 어떻게 대처하는지 옆에서 지지자로서 지켜봐 주세요. 부모가 먼저 나서서 중재하지 말고 아이가 그 상황에서 스스로 배워 나갈 기회를 주는 것이 바람직하거든요.

자율성 발달
엄마 도움 없이 하고 싶은 게 많아요

만 2세 아이들은 근육이 발달해 움직임이 활발해지면서 매우 적극적으로 주위 세상을 탐색하고 모험을 추구해요. 그러다 보니 자신의 한계, 부모의 한계, 환경의 한계에 부딪치기도 하지요. 때로는 자신이 생각했던 것을 행동으로 옮겨 보지만 좌절하기도 하고, 또 때로는 부모의 제지에 부딪히기도 해요.

부모가 지나치게 제지할 때, 아이는 화를 내며 분노와 좌절 반응을 보이기도 해요. 아직은 감정 조절이 잘 안 되는 시기라서 아이의 분노와 좌절이 갑자기 울음으로 표현되기도 하고, 발로 차거나 소리 지르는 행동으로 표출되기도 하지요. 이러한 행동이 지속되면 분명 아이가 다니는 어린이집이나 유치원에서 다른 아이들과 원만한 관계를 가지기 어렵고, 다른 어른으로부터도 좋은 피드백을 받기 어려울 거예요. 부모는 아이의 이러한 행동을 문제 행동으로 보지는 말아야 해요. 아직 생물학적으로 감정 조절이 부족한 발달 단계이므로 아이의 미성숙한 의사 표현 방식 중 하나로 이해해야 해요.

한편 아이가 호기심을 느낀 대상을 탐색하고 행동으로 옮길 때 적절한 한계를 설정하되, 위험하거나 반사회적인 행동을 하면 단호하게 대처해야 해요. 즉 아이에게 위험한 행동이거나, 사회적 규칙이나 가족 규칙에 어긋나는 것들은 명확히 제한해야 해요. 아이가 칼로 종이를 자르려는 행동은 위험하고, 침을 뱉는 행동은 사회적 규칙을 어기는 것이잖아요? 이러한 행동에 대해서는 무엇이 허용되고 무엇이 안 되는지 아이가 구분할 수 있도록 분명한 태도를 취해야 하는 것이죠. 부모는 어떤 행동을 제한하는지 아이가 알 수 있도록 명확히 표현하고, 또 지속적으로 일러 주어야 합니다. 만약 부모가 어떤 때는 허용했다가 어떤 때는 엄격히 제한하면 아이는 상황에 따라 눈치껏 행동하는 방식만 학습하게 돼요.

동시에 아이가 또래와 잘 어울릴 때, 부모의 도움 없이 스스로 먹거나, 옷을 입고 벗을 때, 또는 부모의 도움으로 활동을 시작해 스스로 마무리했을 때 아낌없이 칭찬해 주세요. 그러면 아이도 자신의 성취는 물론 자기 자신에 대해 긍정적인 감정을 갖게 돼요. 아이가 무엇을 해야 하고 하지 말아야 하는지는 스스로 판단할 때 가능하고, 이는 조절 능력을 키우는 과정이에요. 이와 같이 아이 스스로 통제하여 조절해 나갈 때 자아존중감이 향상되고, 아이는 부모가 알려 준 방식대로 행동하면서 부모의 인정을 받는 자신의 이미지를 긍정적으로 갖게 되지요. 그러면 부정적인 행동은 자연스레 사라져요.

아이가 시도하는 말과 행동을 존중해 주세요

아이와 상호작용할 때 "이게 뭐야? 어떻게 하는 거야?"라며 질문을 하기보다는 아이의 말을 그대로 반영해 주며 즐겁고 재미있다는 표현을 해주세요. 예를 들어 아이가 책을 보며 "개미 무서워."라고 말한다면, "개미가 뭐가 무서워 귀엽지."라고 말하기보다, 아이가 표현한 대로 "개미가 무서워~!"라고 반영해 줍니다. 아이가 지각하고 경험하는 것을 민감하게 관찰하고, 아이의 이러한 감정이나 느낌을 단어로 말해 주는 것입니다.

아이가 장난감의 원래 목적 이외에 다른 놀이를 하더라도 아이와 같은 방식으로 놀아 주거나 함께 활동합니다. 예를 들어 물컵을 가지고 놀다가 아이가 머리 위에 얹으며 "뚜껑" 하고 말하면 부모도 "뚜~껑~." 하고 반응해 줍니다. 이렇게 부모가 아이가 시도한 대로 따라 주는 것은 바로 아이의 관심에 반응하는 것이며, 무엇보다 아이가 사물을 가지고 자신의 방법대로 놀이를 주도할 기회를 제공하는 것입니다. 이를 통해 아이는 주도성을 향상시켜 나가고 이러한 경험은 아이의 유능감을 발달시켜 줍니다.

이렇게 아이의 표현방식대로 반영해 줄 때 아이가 자신만의 방법으로 놀이를 주도할 수 있는 기회가 생깁니다. 이때 부모는 아이가 스스로 다루며 놀 수 있는 장난감과 사물을 제공하기만 하면 됩니다. 예를 들어 빛 놀이를 좋아한다면 굳이 아이가 자기 손을 빛에 비추어 보거나 빛을 활용해 손그림자 놀이를 하며 신기해할 수도 있습니다.

만 1~2세 우리 아이는 잘 발달하고 있나요?

☐ 4개 이상의 블록으로 탑을 만드나요?

☐ 작은 사물을 손가락으로 집나요?

☐ 짧은 문장으로 의사소통을 하나요?

☐ 가장놀이를 하나요?

☐ 또래가 옆에서 놀이할 때 그쪽에 관심을 두나요?

☐ 이전보다 엄마와 잘 떨어지나요?

☐ 놀이할 때 눈을 잘 마주치나요?

☐ 장난감을 흥미롭게 잘 가지고 노나요?

☐ 애정 표현을 하나요? (예: 뽀뽀, "사랑해"라는 말)

☐ 정서 표현(슬픔, 기쁨, 화남 등)이 다양하나요?

: 만 3~4세 :

친구들과 함께 놀아요

만 3세가 되면 젖살이 빠지고 근육이 발달하며 어휘는 폭발적으로 늘어서 이제 웬만한 의사소통이 가능해져요. 그리고 친구들과 놀이하는 것을 좋아하고 스스로 생각하고 자신의 생각대로 무엇인가를 주도하고 싶어 해요.

언어발달

어른과 같은 소리로 말할 수 있어요

만 3세 아이는 300개 이상의 단어를 이해하고, 3~4개 단어로 이루어진 문장을 말할 수 있으며 어른이 내는 대부분의 소리를 모방할 수 있어요. 이 시기의 언어 발달은 매우 중요한데, 언어는 자신의 생각을 표현하고 단어 구사와 문장을 이해하면서 사고하고 창조하며 이야기를 만들어 내는 도구로 쓰이기 때문입니다. 아이는 주위의 사물과 사건을 이해하고, 모르는 것을 알아내기 위해 언어를 사용해요. 아이는 익숙한 사물들의 이름을 말할 수 있으며, 모르는 사물이 있으면 "이게 뭐예요?"라고 묻지요. 또한 직접 볼 수 없는 사물과 생각을 설명하기 위해 언어를 사용할 수 있어요. 예를 들어, 아이가 꿈속에서 본 '괴물'을 설명할 때, 괴물이 화가 났는지 다정했는지, 색깔은 어떠했는지, 어디에 사는지, 친구가 있는지 등을 물어보면, 아이는 자기 생각을 언어로 표현할 수 있어요. 만일 아이가 괴물에 대한 공포를 느끼고 있다면 그 생각을 말로 표현하면서 두려움을 극복할 수 있어요.

아이의 표현 능력과 어휘를 더욱 확장시키려면 책을 읽으며 자연스럽게 어휘를 익히게 하고, 또 부정확한 표현이라도 아이가 말한 의도에 맞춰 반복하여 반응하는 것이 도움이 돼요. 대개 부모들은 아이에게 정확한 발음을 가르쳐 주려고 하는데, 이는 오히려 아이에게 '나는 못 해.'라는 무력감을 줄 수 있어요. 예를 들어 아이가 "어제 시마트 가서 재미있었지."라고 하면 "어제 이마트 가서 재미있었구나."라고 반응해 주면 됩니다. 처음부터 "시마트가 뭐야, 이마트지, 이마트 해 봐. 너 할 수 있잖아!" 하며 교정해 줄 필요가 없어요. 비록 서툴더라도 아이가 스스로 만들어 낸 말을 인정하고 그대로 반응해 줄 때 아이는 자신감을 가지고 더욱 많이 해보면서 자연히 익히게 돼요.

궁금한 게 참 많아요

만 3세 아이는 주위에서 벌어지는 일에 대한 호기심과 의문이 많아요. 그래서 "왜 그래?" 또는 "왜 해야 돼?"라는 질문을 자주 해요. 때로는 "왜 해가 빛나?", "왜 멍멍이는 말을 못해?"와 같이 추상적인 질문도 많이 해요. 이때 부모는 어른의 입장에서 논리나 원칙을 일일이 설명하지 않아도 됩니다. 왜냐하면 아이는 아직 추상적인 사고를 할 수 없기 때문입니다. 그 같은 설명을 한다면 아마 아이는 멍하니 다른 곳을 보거나 방에 놓인 장난감이나 더 흥미로운 사물에 관심을 돌려 버릴 테니까요.

때로는 아이가 자신이 생각한 답을 가지고 질문을 하기도 해요. 이때 우선은 "왜 그러지?" 하고 부모도 모르는 것처럼 반문해 보세요. 그리고 아이가 자신의 생각을 주저 없이 표현하도록 기회를 주세요. 아이도 다 생각이 있어요. 자신이 생각한 것을 스스로 많이 표현하고 시도해 볼수록 자신감이 커져서 잠재력을 충분히 발휘하는 아이가 되지요.

만 3세 아이는 다른 사람들이 자신과 똑같지 않으며, 다르게 생각할 수 있음을 이해하기 시작해요. 그리고 특정 아이들에게 매력을 느끼며 좋아하는 친구를 가지고, 또 자신을 좋아하는 친구가 생기면서 자아존중감을 발전시켜 갑니다.

모든 사물을 살아 있는 것으로 표현해요

만 3세 아이들은 사랑, 분노, 저항, 두려움까지 광범위한 감정을 이해하고, 심지어 살아 있는 것의 특징과 감정을 시계, 장난감, 달 등 무생물에게까지 부여하기도 해요. 달이 왜 밤에 나타나는지 물으면 아이는 "나에게 인사를 하려고요."라고 대답하기도 해요. 때로는 가상과 현실을 구분하지 못해서 실제 생활에 영향을 미치기도 해요. 예를 들어 신데렐라 책을 읽고는 자신을 지칭하여 "나는 신데렐라야."라고 말하기도 하고 유령 이야기를 들으면 울면서 집에 오기도 하지요.

아이가 상상 속 사건에 겁먹거나 불안해할 때는 아이를 안심시켜 주세요. 이 시기 아이들의 이러한 정서 표현은 정상적인 것이므로, 상상 속 사건이 사실이 아님을 강조할 필요는 없어요. 흔히 아이들이 말을 안 들으면 "그러면 집에서 내쫓을 거야." 또는 "서두르지 않으면 버리고 갈 거야."와 같은 협박(?)은 절대로 하지 마세요. 이 시기의 아이들은 현실과 가상을 명확히 구분하지 못하기 때문에 이 같은 부모의 말을 진짜로 믿어 하루 종일 겁에 질려 있을 수 있거든요.

만 2세 아이보다 훨씬 덜 이기적이고, 이제는 또래 아이들과 서로 어울려 놀려 해요. 이 과정에서 아이는 규칙을 이해할 수 있으므로, 서로 협조하고 자신의 감정을 조절하며 문제 상황을 잘 해결하도록 부모가 도와줘야 해요. 예를 들어 게임을 할 때 '나 한 번, 너 한 번' 같은 규칙을 만들거나, "누가 먼저 가지고 놀까? 순서를 정하자."라는 말을 반복해 일상에서 자연스럽게 순서를 가르쳐 주는 것도 한 방법이에요. 그리고 아이가 찡얼대거나 화를 내는 상황에서는 자신의 기분이나 요구를 간단한 단어로 표현하면서 감정 표현을 할 수 있게 해주세요. 이때 야단을 치거나 중재하려고만 하지 말고 "나도 가지고 싶어.", "속상해.", "화가 나."와 같이 기분이나 욕구를 설명할 수 있는 적절한 단어를 알려 주어 감정 표현을 할 수 있는 모델링이 되어 주세요.

꼬마 과학자가 되어요

이 시기는 어느 시기보다 주도성을 키우는 데 중요한 때예요. 주도성이란 자신이 계획한 것을 시작하면서 주변 사람들을 끌어들여 함께 이끌어 가는 능력이에요. 부모나 또래를 함께 이끌어 가려면 타인의 감정과 행동을 알아야 하는데, 그러려면 타인을 민감하게 살피는 능력이 있어야 하고, 경쟁보다 협조하는 방법도 알아야 하지요. 이 시기의 아이들이 소집단과 어울리는 모습을 보면, 순서대로 장난감을 바꾸어 놀거나 장난감을 공유하기도 하고, 상대에게 공손히 부탁하여 함께 놀자고 청하는 행동을 관찰할 수 있어요. 이제 자기조절 능력이 서서히 발달해 가기 시작하는 것이지요. 그 결과 이전보다 공격적인 행동도 훨씬 줄어들고 얌전하게 놀이를 즐기고 장난감도 주고받으며 놀이를 해요. 나름대로 도전적인 상황에서 문제를 해결하는 방법을 터득하는 것이지요.

이 시기 아이들이 스스로 생각하고 시도해 보면 그 독립성과 창의력을 칭찬해 주세요. 아이와 대화하고, 아이의 말에 경청하고, 아이의 의견이 중요함을 보여 주세요. 부모가 일상에서 자주 아이에게 선택권을 줄 때, 아이는 자신의 중요함을 인지하게 되고 스스로 결정하는 법을 배워 가지요. 단, 아이에게 선택권을 줄 때는 간단할수록 좋아요. 예를 들어 식당에서 무엇을 먹을까 결정할 때, 두세 가지 범위에서 아이에게 선택하게 해주세요. 아이는 생활 가운데 스스로 선택하고 성취를 맛보면서 주도성과 통제감을 키워요. 스스로 결정하면서 자신감을 키우고, 스스로 내린 결정에 대해서는 책임감 있게 수행하는 능력을 키워 가지요. 부모는 이끌거나 반대로 방관하지 않는 자세를 취하는 것이 가장 바람직합니다.

아이도 생각이 있다는 것을 믿어 보세요

이 시기 아이들은 부모나 어른들의 지시를 따르기보다 스스로 무언가를 해보며 부모나 또래를 이끄는 활동을 좋아합니다. 호기심이 왕성해서 실제로 무언가 새로운 것을 탐험하기를 좋아합니다. 이와 같은 주도성은 이후 성공적으로 자신의 역량을 발휘하는 데 매우 중요한 능력이지요.

아이가 세상을 더 잘 살펴보며 해결책을 탐색하고 찾아보도록 지지하기 위해서 익숙해하는 환경에 작은 변화를 만들어 봅니다. 아이가 일상에서 흔히 하는 행동을 관찰합니다. 그리고 일상에서 반복적으로 하는 그 패턴에 새로운 것을 추가시켜 봅니다.

예를 들어, 아이가 낚시놀이 장난감을 좋아하고 엄마는 아동에게 '고래'라는 개념을 더 가르치고 싶다면 낚시놀이 선반에 익숙한 놀잇감 이외에 새롭게 고래 장난감을 가져다 놓는 것입니다. 이때 아이가 스스로 발견하고 반응하도록 기다려 줍니다. 그리고 아이의 반응에 긍정적인 피드백을 주며 아이가 스스로 시도하고 발견하는 기회를 경험하도록 합니다.

아이가 스스로 놀이에 참여하고 시도할 때 반응해 줌으로써 아이는 자신이 한 것으로 다른 사람의 주의를 끌 수 있다는 경험을 통해 주도성이 발달됩니다. 어른이 수동적으로 정보를 주는 것이 아니라 비계자로서 환경을 설정하고, 그 안에서 아이가 스스로 탐색하게 기회를 주고 아이의 자극에 반응해 줄 때 아이는 더 잘 배웁니다.

만 3~4세 우리 아이는 잘 발달하고 있나요?

☐ 공을 가슴 위로 던지나요?

☐ 제자리에서 깡충 뛰기를 할 수 있나요?

☐ 낙서하듯 그릴 수 있나요?

☐ 부모와 떨어져도 울지 않고 잘 적응하나요? (아니면 부모 가 올 때까지 오랫동안 울음을 멈추지 않나요?)

☐ 또래 아이들과 잘 노나요?

☐ 가족 이외 사람한테도 잘 반응하나요?

☐ 스스로 옷을 입고, 자고, 화장실 사용을 하나요?

☐ 화나거나 불안할 때 달래면 곧 안정을 찾나요? (아니면 자 기통제력을 잃고 계속 소리를 지르나요?)

☐ 세 단어 이상으로 이루어진 문장을 사용하나요?(예: 엄마 랑 놀이터 갔어.)

☐ '나'와 '너'를 올바르게 사용하나요?

나를 조절할 수 있어요

이 시기에는 다른 사람과 능숙하게 언어로 소통하고 또래와도 타협하며 사회적 관계를 키워 가요. 뇌의 전두엽이 발달해서 슬프거나 짜증날 때 조금은 감정을 누르고 상대의 요구에 맞출 수 있어요.

언어발달

모국어의 음소를 모두 발음할 수 있어요

만 4세쯤 되면 아이의 언어 발달은 꽃을 피워요. 이 시기 아이들은 모국어의 거의 모든 음소를 발음할 수 있고, 약 1,500개의 단어를 알고 약 1,000개 이상은 더 학습할 수 있지요. 자신이 생각한 것을 8개 단어로 구성된 복잡한 문장을 사용하여 이야기할 수 있고, 자신에게 있었던 일이나 원하는 것, 그리고 꿈과 환상에 대해서도 설명할 수 있어요. 그런데 지시적으로 보일 때도 있어요. 예를 들어 자기 말을 듣지 않고 어른들끼리만 대화를 나눌 때는 부모에게 "그만 말해.", "말하지 마." 하거나 또는 친구들과 놀면서 "이리 와."라고 명령하기도 해요. 이 시기 아이들은 사회적인 규칙과 제한을 이해할 수 있으므로, 아이가 무례한 태도를 보일 때는 상황에 맞게 표현하는 방법을 가르쳐 주세요. 이 시기의 아이들은 가족의 규범이나 사회적 규칙을 배울 준비가 되어 있거든요.

아이가 어른에게 가벼운 모욕적인 말을 했다면, 사실 이것은 부모에게 모욕을 주려는 의도라기보다는 자신의 화난 감정을 표현하는 것일 수 있어요. 이때 아이의 행동에만 초점을 두어 곧바로 질책하기보다는 여유를 가지고 왜 그랬는지 상황을 이해하도록 하세요. 일상에서 벌어지는 심각한 상황을 재미있게 전환하는 것도 좋은 방법이에요. 예를 들어 아이가 "엄마는 백설공주에 나오는 마녀 같아."라고 말했다면, "뭐라고? 엄마한테 그게 무슨 말이니?" 하고 역정을 내지 마세요. 아이는 그저 장난스러운 의도였는데 심각하게 반응하는 엄마를 보며 자신을 이해하지 못한다고 생각할 수도 있어요. 이럴 때는 부모가 "음, 마녀가 저녁 식사 준비를 했어. 반찬은 박쥐 날개, 개구리 눈알을 넣은 국이야, 같이 먹을래?" 하면서 장난스럽게 반응하면 아이의 화도 가라앉고 아이와의 관계도 해치지 않겠지요. 이처럼 아이의 화를 진정시키기 위해서는 어른이 먼저 평정심을 갖고 대해야 해요

좋아하는 활동을 찾을 수 있어요

만 4세가 되면 아이들은 이후 학교생활에 필요한 기초 개념에 관심을 가지고 탐색하기 시작해요. 예를 들어 아이는 하루가 오전, 오후, 밤으로 나뉘고, 각각 다른 계절이 있음을 이해할 수 있어요. 만 5세쯤에는 일주일과 요일을 알고, 하루를 시간과 분으로 측정하는 것을 알게 돼요. 또 숫자 세기를 하고, 크기를 비교하고, 도형의 이름과 같은 개념도 이해할 수 있고, 한글도 익히게 돼요.

그래서 이 시기 자녀를 둔 부모들은 무엇보다 아이의 인지 학습에 관심이 많아요. 주의할 점은 이러한 개념을 빨리 배우는 것이 이후 학습에 꼭 좋지만은 않다는 것이에요. 오히려 아이에게 학습을 강요하다 보면 아이는 억압받는 느낌을 받아 실제로 학교 입학에 흥미를 잃고 학습을 거부할 수도 있거든요.

이 시기에는 무엇보다 아이에게 다양한 배움의 기회를 제공하세요. 그러면서 아이의 특별한 관심과 재능을 존중해 주세요. 만약 아이가 미술 활동에 관심을 보인다면 미술 박물관과 갤러리, 예술가의 개인 작업실을 방문하거나 미술 교실에 참여하게 해주세요. 만약 아이가 기계나 공룡에 관심이 많다면 자연사박물관에 데려가서 모형 만드는 것을 도와주고, 스스로 기계를 만들 수 있는 기회를 주어 경험을 넓혀 주는 것이 필요해요. 이러한 경험을 통해 아이들은 배움의 즐거움을 느끼고, 정규교육이 시작되면 스스로 동기부여를 할 거예요.

이 시기 아이들은 현실적인 개념을 앎과 동시에 지구의 기원, 죽음, 태양, 하늘과 같은 '전우주적인' 개념에 관심을 가지고 탐구하며 질문을 해요. 또한 호기심이 왕성하여 '왜'라는 질문도 많이 해요.

우정을 키우기 시작해요

만 4세가 되면 아이는 친구를 사귀고, '베스트 프렌드best friend'를 가지기도 하며 활발한 사회생활을 경험하게 돼요. 대부분 일상에서 자주 만날 수 있는 이웃이나 유치원 친구들을 사귀지요. 이 시기에 친구와의 관계를 통한 사회 경험은 사회성 발달에 매우 중요합니다. 이 시기의 또래는 단순히 놀이 친구의 의미만이 아니라 아이의 사고방식과 행동에 직접적인 영향을 미치거든요. 부모와 자녀만의 관계에서 아이는 새로이 '우정'이란 관계를 가지고, 경우에 따라서는 부모보다 친구를 더 따르기도 해요. 그래서 때론 절실하게 친구처럼 되고 싶어 하기도 하고, 친구가 하는 행위를 따라 하려고 부모가 정한 규칙을 어기기도 하지요.

만 4세 아이는 현실과 가상을 구별하기 시작하고, 가상 놀이를 해요. 또한 현실과 가상 세계를 착각하지 않고 오갈 수 있기 때문에 때로는 장난감을 가지고 전쟁 게임, 공룡 죽이기 게임 등 공격적인 놀이를 하기도 해요. 이때 아이가 너무 공격적인 것은 아닌지 걱정할 필요는 없어요. 발달 과정에서 이 시기에 나타나는 지극히 당연한 행동 양상들이니까요.

자기조절
자기 감정을 조절할 수 있어요

이 시기 자녀를 둔 많은 부모들은 "아이가 말을 듣지 않는다." 혹은 "벌써부터 반항을 한다."라며 아이를 훈육하는 방법에 대해 알고 싶어 하지요. 물론 아이의 부적응 행동에 대해서는 분명 훈육이 필요해요. 단, 부모는 아이의 행동에 대해서 훈육하는 것이고, 이러한 훈육은 아이가 잘 자라기를 바라는 부모의 사랑임을 전달할 수 있어야 해요. 이 시기의 아이들은 사회적 관계를 맺고, 그것에서 생기는 규칙을 이해하고 지키기 위해 자기 감정을 조절하는 능력도 발달하니까요.

만약 아이가 팔을 휘두르다 실수로 동생이 맞았다면, 오히려 아이를 위로하며 일부러 나쁜 행동을 한 것이 아니었음을 이해한다고 말해 주세요. 단순히 겉으로 드러난 결과만으로 판단하여 아이에게 화내지 않도록 하세요. 아이는 나름대로 자기 행동에 대해 논리를 가지고 있어요. 그런데 자기 의도와는 다르게 벌어진 결과를 보고 부모가 나무란다면 미워서 그런다고 생각하게 되지요.

아이가 잘못된 행동을 했을 때 화를 내거나 고쳐 주려고 애쓰지 마세요. 이보다는 아이가 평소에 아무리 사소한 것이라도 바른 행동을 했을 때 곧바로 계속 칭찬해 주는 편이 더 바람직해요. 예를 들어 일상에서 아이에게 자기 방을 치우거나 식사 준비(테이블 세팅)를 돕는 등 간단한 의무를 주세요. 아이가 그 일을 잘 해낼 때마다 칭찬해 주세요. 아이들에게 칭찬은 절대 질리지 않는 메뉴이니까요.

외출하거나 다른 장소에 방문할 때 아이가 바른 행동을 하기를 원한다면 어떻게 하는 것이 바른 행동인지 부모가 기대하는 바를 미리 설명해 주세요. 부모가 칭찬할 행동 목록을 미리 알려 주는 것이지요. 부모는 자녀를 훈계할 때 혼내는 것이 목적이 아니라 바른 행동을 하도록 가르치는 것이 목적임을 잊지 마세요.

아이가 발달하듯 부모의 양육 태도도 업그레이드가 필요해요

부모의 기대가 아이의 생물학적인 성향과 기질에 맞게 부합하고 조화를 이룰 때 아이는 더욱 쉽게 행동하고 더욱 협력하게 됩니다. 이를 통해 아이가 자신의 행동을 통제하는 능력을 발달시킴에 따라 부모는 점차적으로 아이와 의견 일치를 보이거나 기대를 증가시킬 수 있습니다. 조용히 있기를 좋아하는 아이에게는 블록 놀이 같은 차분한 놀이를, 신체활동을 좋아하는 아이는 놀이터 활동을 하도록 도와줍니다.

아이가 나쁜 행동을 할 때는 이러한 행동을 멈추도록 즉각적으로 훈계합니다. 아이가 혼날 만한 말이나 행동을 했을 때, 단순히 자신이 '나빠서' 혼나는 것이 아니라, 어떤 특정한 행동 때문에 혼난다는 것을 이해하게 해주세요. "네가 그렇게 하는 건 나빠."라며 감정적인 표현으로 말하기보다는 무엇을 잘못했는지 구체적으로 설명해 주어 행동과 인성을 명백하게 나누어 줘야 해요.

예를 들어 어린 동생을 괴롭히면, "너는 나빠, 못됐어!"라고 말하기보다는 그러한 행동이 다른 사람의 기분을 어떻게 상하게 하는지 설명해 주세요. 그리고 훈계한 후 꼭 안아 주어 사랑을 표현하며 몇 분간 아이를 진정시켜 줍니다.

자칫 행동의 옳고 그름의 결과만 통지하듯 판단하기보다 관계를 잃지 않도록 주의하세요. 신뢰 관계는 아이의 감정조절 능력의 기본 요인입니다.

만 4~5세 우리 아이는 잘 발달하고 있나요?

☐ 5개 이상의 단어로 된 문장으로 말하나요?

☐ 이름과 주소(사는 동네 정도)를 말할 수 있나요?

☐ 친구들처럼 되고 싶다는 표현을 하나요?(예: 여행 다녀온 것, 예쁜 옷을 입은 것, 새로운 물건을 가지고 있는 것 등)

☐ 숫자를 10까지 셀 수 있나요?

☐ 4개 이상의 색깔 이름을 알고 말하나요?

☐ 시간 개념을 이해하나요?

☐ 주어진 규칙에 잘 따르나요? (예: 줄서기, 손 씻기 등)

☐ 스스로 하고자 하는 일이 전보다 많아졌다고 보이나요?

☐ 자신이 여성인지 남성인지 말할 수 있나요?

☐ 다른 사람과 함께하는 주고받는 상호작용 놀이에 관심을 보이나요?

3장

아이의 잠재력을
이끄는 반응육아법
20

성장을 위한 시작,
상호작용 능력을 키우는
반응육아법

"난 트럭 장난감이 더 좋아요!"

부모와 자녀 간 상호작용 유형을 관찰하기 위해 각 가정을 방문하여 아이와 부모가 놀이하는 장면을 10분간 비디오로 촬영했어요.

어느 집에 갔을 때의 일입니다. 아이는 만 4세인데 언어 표현이 서툴고 매우 소극적인 아이였어요. 제가 가져간 장난감에는 관심이 없고 장롱 쪽을 바라보며 계속 끙끙대기만 했습니다. 엄마는 아이의 시선에는 관심을 두지 않고 자신이 하고 싶은 말만 늘어놓았어요.

엄마 "선생님, 바쁘신데, 빨리 찍고 가셔야 해. 여기 선생님이 장난감 많이 가져오셨네?. 이거 봐라, 붕~붕~."

아이 무응답(계속해서 침울한 표정만 지음)

엄마 "와, 여기 봐봐, 자동차도 있네? 동호가 좋아하는 자동차다. 붕~붕~. 선생님 바쁘셔. 빨리 놀자. 그래야 선생님이 동호 찍어 주지."

아이 무응답(계속해서 침울한 표정만 지으며, 여전히 장롱 위를 쳐다봄)

이렇게 30분 정도가 지나고 나서, 엄마에게 조심스럽게 아이가 평소에도 이렇게 짜증이 많은지, 그리고 왜 장롱 위를 자꾸 쳐다보는지 물어보았어요. 그런데 엄마는 이미 이유를 알고 계셨어요. 아이가 최근에 새로 사준 트럭 장난감을 너무 좋아하고 그것만 가지고 놀아서 다른 것도 다양하게 놀았으면 하는 엄마의 바람에 트럭 장난감을 옷장 위에 치워 두었던 것이었습니다. 이유를 알고 난 뒤, 아이가 좋아하는 트럭 장난감을 꺼내 주기로 하였습니다. 아이는 트럭 장난감을 보자마자 매우 즐거운 표정을 지었습니다. 그리고 스스로 활동을 만들어 내었습니다.

아이 (팔짝팔짝 뛰며) "붕~붕~." (트럭을 굴리며 소리를 냄)

연구자 (그대로) "붕~붕~."

아이 (연구자를 보며 미소 지음) "붕~!"

연구자 (트럭에 사탕을 하나 올리며) "붕~!"

아이 (사탕을 올리며 연구자 쪽으로) "붕~!"

●●● 아이의 잠재력을 이끄는 반응육아법

이렇게 트럭 장난감을 허용해 주니, 아이는 곧바로 상대에게 집중하고 상대와 상호작용하며 자신의 활동을 공유했습니다. 아이의 흥미와 관심에 맞추고 좋아하는 방식대로 반응해 주니 아이는 즐겁게 오래도록 활동에 집중했습니다. 아이는 자신이 좋아하는 장난감과 제가 가져간 장난감을 서로 조합하여 놀며 원래 계획했던 10분간의 촬영도 쉽게 마칠 수 있었습니다.

아이를 잘 가르치고 싶다면 혹은 잘 배우게 하려면 우선 아이가 부모나 선생님 곁에 오래 머무르며 주의를 기울일 수 있어야 합니다. 이때 무엇보다 중요한 것은 아이의 '상호작용' 능력입니다. 혹시 아이가 많은 지식을 알도록 또는 소통하는 능력을 키워 주기 위해 어휘를 많이 가르치고 있나요? 정확하게 발음하도록 교정해 주고 아이가 정확한 정보를 알도록 일방적으로 일깨워 주고 있나요? 하지만 그것보다 더 중요한 것은 바로 상호작용 능력입니다.

그리고 아이와 상호작용을 얼마나 잘하고 있는지 일상에서 아이와 놀이하면서 약 5분간 관찰해 보세요.

"우리 아이는 상호작용을 잘하고 있나요?"

☐ 우리 아이는 함께 놀이할 때 주고받기를 3회 이상 지속하며 상호작용을 한다.

☐ 우리 아이는 일상에서 자신이 하고 있는 놀이 활동을 부모에게 함께하자고 한다.

☐ 우리 아이는 부모와 함께 활동하거나 대화할 때 부모를 쳐다보며 미소 짓는다.

☐ 우리 아이는 부모가 하는 말에 주의를 기울여 듣는다.

☐ 우리 아이는 부모와 함께할 때 항상 행복한 표정이다.

●●● 아이의 잠재력을 이끄는 반응육아법

아이와 눈맞춤하기

• 왜 중요한가요?

부모는 아이가 가진 능력을 잘 계발하고 훌륭히 펼쳐 보이도록 가르치고 싶을 것입니다. 그러기 위해서는 아이가 무언가를 배우는 과정도 필요하지만, 무엇보다 배운 것을 아이가 스스로 잘 사용할 수 있어야 합니다. 반응적인 부모는 아이가 재미를 느껴 스스로 활동에 집중하게 만듭니다. 그래야 아이는 자기 주도적으로 활동하고 새로운 것에 호기심을 키우고, 스스로 문제를 해결해 나갈 수 있습니다. 이런 아이로 키우기 위해 부모가 할 첫 단계는 '아이와 눈맞춤하기'입니다. 아이들은 자라면서 계속해서 세상을 재발견해 나갑니다. 예를 들어, 아이가 3개월 때 이해했던 세상은 9개월 때는 새로운 의미를 가지게 됩니다. 마찬가지로 어른들도 3개월 된 아이와 9개월 된 아이를 이해하는 것이 다르다는 것을 알아야 합니다.

'내가 무엇을 해줄까?'가 아니라 '아이가 무엇을 하고 있는지'를 확인하세요. 그러니 아이와의 상호작용은 때로는 말로 시작하는 것이 아니라 잠깐의 침묵, 즉 관찰로 시작해야 합니다. 그리고 지금 아이의 시선을 사로잡은 것을 확인하고, 그것을 함께 공유하세요. 아이가 관심을 보인 것에 부모도 함께하고 있다면 아이는 부모를 계속 쳐다볼 것입니다. 이런 행동은 아이가 부모를 자신의 세계로 초대한다는 뜻입니다. 그리고 자신과 똑같은 흥미를 가지고 있고, 또 자신과 같은 부류라고 인식해요. 편한 세계에서 아이들은 수준이 낮은가, 서투른가 하는 부끄러움 없이 마음껏 자신의 행동을 펼쳐 보이지요. 예를 들면 18개월 된 아이가 손가락으로 포도를 가리키며 "어"라고 말한다면, 부모도 "어"라고 반응해 주세요. 이렇게 아이의 언어 방식으로 반응해 줄 때 아이는 부모가 자신의 세계로 들어왔음을 알 수 있습니다. 그리고 자신의 표현을 부끄러움 없이 자주 해 보게 되지요. 연습이 많으면 당연히 숙련되겠지요. 그리고 이후에 아이가 "어"라고 말하면 부모는 알아들었다는 반응을 보이며 "음~, 포~도~" 하고 일러 줄 수 있습니다. 이때 아이는 자신을 이해하는 부모가 주는 자극에 주의를 기울이며 배우려고 노력합니다.

- 아이와 같은 방식으로 세상을 보기 위해서는 아이와 마주 대할 수 있도록 눈높이를 맞추세요. 아이가 작으니 때론 몸의 높이를 낮추어야겠지요. 어른이 누워도 좋습니다.

- 아이와 함께 활동할 때 아이의 시선을 따라가며 아이가 현재 관심을 두고 있는 것을 확인합니다. 이것은 활동 중에 계속됩니다. 아이와의 눈 맞춤은 상호작용하는 동안 지속적이어야 합니다.

- 아이가 하는 표현과 같은 방식으로 대화하세요.

아이가 하는 방식대로 상호작용하기

• 왜 중요한가요?

상호작용 능력은 아이의 인지 학습을 높이는 데 무엇보다 중요
합니다. 그렇다면 아이가 부모와의 상호작용을 좋아해야겠지요?
그러려면 아이가 하는 행동은 무엇이든 따라 해 보세요. 평소 아이
가 하는 행동 중 좋아하지 않았던 행동이나 이상해 보이는 행동을
따라할 때 더욱 아이의 관심을 끌 수 있습니다. 예를 들면 아이가
놀이를 하다가 몸을 흔들거나 엄지손가락을 빼는 행위, 또는 "어
이쿠" 같은 의성어나 큰소리로 "악" 하며 소리 지르는 행동을 그대
로 따라 해 보세요. 아이들은 자신의 행동과 말투를 따라 하는 부모
를 쳐다봅니다. 이처럼 아이의 주의를 집중시키는 데 가장 쉬우면
서도 효과적인 방법 중 하나가 바로 아이가 하는 방식대로 따라 하
며 상호작용하기입니다. 아이들은 자신을 따라 하는 부모의 행동
을 매우 즐거워하고 재미있어합니다. 이때 아이는 부모와의 시간
을 즐기고 통제감을 느끼며, 더욱 적극적으로 부모의 행동에 집중

하게 됩니다.

아이가 현재 블록놀이를 하고 있다면 아이의 방식대로 블록놀이를 해 주세요. 아이가 블록으로 탑을 쌓는 수준이라면 부모도 그대로 탑을 쌓으며 놀아 주세요. "자, 엄마 봐봐, (성을 만들어서) 이것 봐봐, 멋있지!"라며 모델링을 보여 주는 것은 아이의 방식이 아닙니다. 3개월 된 아기는 블록을 그저 두드려 보고 입으로 가져가 빨며 '블록이라는 세상'을 탐색합니다. 9개월 된 아기는 블록을 두드려 보고 이리저리 움직이며 블록이 맞춰진다는 것을 깨닫습니다. 현재 아이가 블록 두 개를 포개는 수준이라면 부모도 그 정도 활동만 보여 주면 됩니다. 아이가 무엇인가를 배우려면 어떤 자극을 통해 학습 경험을 받았느냐가 아니라 얼마나 능동적으로 놀이에 참여했느냐가 중요하기 때문입니다.

- 아이가 가지고 노는 장난감이나 사물로 함께 놀이해 주세요.

- 아이가 현재 하는 놀이와 관련된 단어들을 사용하며 반응해 주고, 아이가 할 수 있는 단어 그대로 표현해 주세요. 예를 들어, 아이가 블록을 쌓으면 엄마도 그대로 블럭을 쌓아 주세요. 이때 "자, 엄마 봐봐, 이렇게, 잘했지. 너도 이렇게 해봐, 할 수 있지?" 라며 엄마 방식을 주도하기보다 아이가 만든 방식대로 만들어 주세요.

- 아이는 자기 수준에 맞는 활동을 할 때 스스로 반복하게 됩니다. 일상에서 자주 관찰되는 아이의 행동 가운데 몇 가지를 선정해서 따라 해보세요. 이렇게 할 때 아이가 부모와 함께 머무르는지, 그리고 얼마나 더 주의를 기울이는지 유심히 관찰해 보세요.

반 응
육아법 **03**

아이가 반응하도록 기다려 주기

• 왜 중요한가요?

인지 학습에서는 부모와 아이가 공통 관심거리를 만들 때 부모가 아이에게 먼저 맞춥니다. 인지 학습은 아이가 능동적이고 주의를 기울이면 언제든지 이루어집니다. 이때 어른이 말을 너무 많이 하면 서로 간의 균형 있는 상호작용을 방해하게 되지요. 아이가 말하는 법을 배우고 새로운 단어를 익힐 때 언어 자극을 받는 것도 중요하지만, 이미 알고 있는 소리나 단어를 스스로 계속해서 말해 보는 것이 더 중요합니다.

아이는 사고 처리 과정이나 동작이 느리기 때문에 아이처럼 짧은 문장을 사용하고, 반응할 때까지 기다려 주어야 합니다. 아이는 자극을 받았을 때 그것을 판단하고 해석하고 처리하여 행동하는 데까지 어른보다 시간이 더 걸리기 때문입니다. 예를 들면, 12개월 된 아기 앞에 실로폰이 놓여 있다고 생각해 보세요. 아기는 실로폰을 만지고 있는 반면에 엄마는 도레미를 쳐 보입니다. 그러고는 아기에게 실로폰을 쳐 보라고 권합니다. 아기가 잠시 멈칫하는 동안 엄마는 다시 실로폰을 치며 따라 하라고 요구하지요. 아기가 곧바로 반응하지 않으면 엄마는 "도와줄까?" 하며 아기 손을 잡아 실로폰을 치고는 "잘했어요."라고 말합니다.

아기는 실로폰을 쳐다보고 건드려 보며 막대기로 치려고 했지만 엄마보다 수행 속도가 느려서 머뭇거리는 시간이 좀 길었던 것이지요. 그런데 엄마는 마치 아기가 아무것도 안 하는 것처럼 반응한 것입니다. 대부분의 엄마들이 이렇게 반응합니다.

같은 말을 반복하면서 채근하지 말고 아이가 말하거나 행동하도록 기다려 주세요. 만일 엄마가 한마디 말로 요구했다면 아이도 하나의 피드백을 할 때까지 기다려야 해요. 때로는 아이가 반응을 보일 때까지 침묵이 이어질 수도 있습니다. 그러나 이 침묵은 아이 스스로 다음 행동을 하기 위해 자신의 차례를 학습하는 기회입니다.

만일 아이의 침묵이 길다고 느껴지고 상호작용의 흐름이 끊길 것 같다면, 이러한 침묵의 시간을 좀 더 현명하게 줄이는 방법이 있어요. 아이의 다음 반응을 기다리고 있음을 눈짓, 얼굴 표정, 몸짓으로 알리는 거죠. 즉 '내가 너에게 관심을 갖고 있고 네가 어떤 응답을 하기를 기대하고 있다'는 것을 보여 주는 것이죠. 아이를 보면서 눈썹을 치켜뜨거나 찡긋거리고 입을 벌려 보이는 등의 표시를 하면 됩니다. 아이와 상호작용을 할 때 짧은 문장으로 적게 말하는 것이 뭔가를 할 기회를 더 많이 준다는 사실을 명심하세요.

••• 아이의 잠재력을 이끄는 반응육아법

- 아이가 먼저 반응하도록 엄마가 제안하지 말고 기다려 주세요.
- 실험적으로 짧은 문장, 중간 정도의 문장, 긴 문장을 사용하여 아이에게 말해 보세요. 그리고 각기 다른 문장 길이에 따라 아이가 어떻게 반응하는지 관찰해 보세요.
- 아이와 상호작용하는 동안, 아이가 한 번 반응하는 동안에 부모가 같은 말을 몇 번이나 반복하는지 세어 보세요. 아이와 놀이하는 약 5분 동안 관찰해 보세요.
- 아이와 함께하는 대화나 활동이 하나 주고 하나 받는 식으로 이어져 가고 있는지 생각해 보세요.

아이와 소리를 주고받으며 놀이하기

• 왜 중요한가요?

아이가 잘 발달하고 있는지를 확인할 수 있는 척도 중 하나가 '말(언어)'입니다. 아이가 말을 얼마나 잘하며, 때에 맞게 대화하며 다른 사람과 소통하는지를 확인합니다. 이때 얼마나 많은 단어를 알고 있느냐보다 다른 사람과 잘 소통하는 능력이 더 중요합니다. 아이의 의사소통 능력은 바로 '사회적 상호작용' 능력이기 때문입니다.

아이들은 어른과 빈번하게 비언어적인 방식으로 의사소통을 하면서 언어를 배워 나가지요. 아이는 의사소통을 위해 단어를 사용하기 전에, 먼저 비언어적인 사회적 상호작용을 통해 소통하는 법을 배워요. 아이가 아직 말을 시작하지 않았더라도 어른과 상호작용을 하고 있다면 초기 단계의 대화를 하고 있는 것입니다. 이런 초기 대화는 신체적인 감각기관, 즉 접촉이나 움직임, 소리 등을 통해 이루어집니다.

예를 들면, 아이는 '음마', '빠빠', '더', '줘', '해 주세요', '사랑해요'라는 말을 배우기에 앞서 이러한 단어의 뜻을 전달하는 음성(옹알이)이나 몸짓을 하고 미소를 보였을 거예요. 아이는 이처럼 단어가 상징하는 개념을 비언어적인 방식으로 의사소통하는 법을 먼저 배웁니다. 그런 다음에 음성을 만들어 낼 수 있을 때가 되면 비로소 이러한 단어들의 뜻을 이해하고 적용해요.

아직 말문이 트이지 않은 12개월 미만 어린아이들은 아무 의미 없는 발성이나 소리를 냅니다. "흐" 하며 한숨을 쉬기도 하고, "으으", "그그"라는 소리를 내기도 합니다. 간혹 아예 무슨 말인지도 모를 소리를 말하듯이 한참 동안 웅얼거리기도 하지요. 그런데 부모에게 '아이의 말을 그대로 따라 해 주세요.'라고 하면 아마도 '정확히 발음하는 소리만 따라 하라.'는 의미로 받아들일 것입니다.

사실은 아이가 내는 소리에 부모가 곧바로 억양을 살려서 "으~으~", 또는 "그래요"라고 반응하라는 의미입니다. 좀 더 잘 알아듣는 부모라면 웅얼거리는 긴 문장이라도 아이가 말한 대로 생동감 있게 따라 하거나 반응해 주면 됩니다. 이때 아이는 부모와 핑퐁게임을 하듯 다시 알아들을 수 없는 웅얼거림으로 반응을 합니다. 이렇게 계속해서 주고받는 식의 발성 놀이를 하면 아이의 상호작용 능력을 키울 수 있어요. 그러면서 점차 부모가 반응하는 발성을 다양하게 바꿔 가며 아이에게 소리의 모델링을 보여 주세요.

- 아이에게 자장가나 동요를 불러 주세요. 주고받는 소리 놀이를 하기에 좋은 방법입니다. 몇 개의 짧은 구절을 부르고 나서 남은 몇 구절을 부르기 전에 아이가 소리나 어떤 행위를 만들어 낼 때까지 기다려 주세요.

- 아이 속도에 맞추어 아이의 눈을 쳐다보며 끼어들 수 있도록 만들어 주세요. 부모가 한 소절을 부르고 나면 다음 차례를 아이가 할 수 있도록 기다려 주세요.

- 아이가 좋아하는 동요를 부를 때 박자를 꼭 지킬 필요는 없습니다. 아이가 인식할 수 있도록 천천히 불러 주세요. 가사가 너무 많거나 박자가 빠르면 아이가 노래에 끼어들기가 어렵습니다.

재미있게 상호작용하기

• 왜 중요한가요?

우리는 매일매일 수많은 일상적인 에피소드를 경험하지요. 밥 먹기, 씻기기, 재우기 등등 일상적인 사건 속에서 아이와 상호작용을 해나가면 됩니다. 그러니 일하는 엄마라고 해도 아이와 상호작용할 기회가 없지 않습니다. 더군다나 아이는 어른에 비해 표현 방식이 매우 간단하기 때문에 오랫동안 이어지는 상호작용도 아니에요. 그런데 일상에서 잠깐 잠깐 동안이라도 아이가 알아듣기 어려운 긴 문장으로 설명해 주거나 학습적인 답을 유도하는 질문을 자주 한다면, 아이는 간단한 단어나 행동도 보이지 않고 점차 의사소통 능력이 잘 발전하지 못해요.

아이와 상호작용을 좀 더 오랫동안 유지하면 학습 기회를 더 제공할 수 있어요. 어린아이의 언어 발달을 위해 부모와 함께하는 상호작용 시간은 많은 단어를 일부러 가르쳐 주는 것보다 중요한 일임을 명심해야 합니다. 아이와의 상호작용 시간이 늘어나면 아이는 자연스레 표현 횟수가 많아지고 언어 사용에 즐거움과 재미를 느껴 활동을 계속합니다.

아이가 하는 작은 행동이나 소리에도 곧바로 반응해 주고, 보다 과장되게 반응해 주세요. 아이는 더욱 즐거워해요. 예를 들어 아이가 놀이를 하다가 장난감을 떨어뜨려 "이크" 하는 소리를 냈다면 부모도 장난감을 떨어뜨려 안타깝다는 표정과 함께 과장되게 "이-크"라고 반응해 주세요. 아이는 부모가 항상 자신을 주시하며 관심을 갖고 있음을 알아채어 더욱 많은 행동을 하게 돼요. 부모가 함께해 줄 때 즐겁고 재미있는 활동을 부모와 나누는 법을 배워요. 그리고 더욱더 재미있는 활동을 하려고 할 거예요.

●●● 아이의 잠재력을 이끄는 반응육아법

- 아이가 가지고 놀면서 즐거움을 주는 장난감처럼 부모는 아이가 좋아하는 장난감이 되어 보세요.
- 아이가 부모를 건드리거나 아이 혼자 어떤 표정을 짓는 사소한 움직임에 과장해서 반응해 주세요.
- 아이가 즐거워하는 행동을 반복해서 해주세요. 예를 들어 아이가 부모의 입에 손을 가져갈 때, "아웅" 하면서 아이의 손을 먹는 시늉을 해주세요. 이때 아이가 재미있어 하면 그 행동을 반복하세요.

아이가 나를 보고 웃어 주었어요

만 4세 된 승현이가 언어 표현을 하지 않아 승현이 엄마는 상담을 받으러 왔습니다. 승현이는 언어 표현도 없었지만 활동도 거의 없고 천장 쪽만 자주 응시했어요.

검사를 해보니, 승현이의 발달 상태는 또래보다 늦는 편이었습니다. 엄마는 승현이가 아무것도 하지 않을 뿐더러 상호작용도 전혀 안 된다고 말했습니다. 그래서 선생님이 아이와 놀아 보기로 했습니다. 선생님과 같이 있을 때도 승현이는 가만히 있었습니다. 선생님은 승현이의 눈길을 따라가 보았습니다. 아마도 불빛을 보는 것 같았어요. 불빛과 아이 눈을 계속 오가며 관찰하는데, 승현이가 "흐" 하며 한숨을 쉬었어요. 이것이 아이가 처음 자발적으로 만들어 낸 행동이었어요. 선생님은 이 작은 행동을 놓치지 않고 조금 과장되게 가슴까지 움직이며 "흐~" 하며 반응해 주었어요. 그랬더니 아이는 천장을 응시하며 "흐" 하는 숨소리를 조금 더 자주 내었고, 그럴 때마다 선생님도 "으~흐"를 반복했지요. 이러면서 서로 주고받는 속도가 빨라졌어요.

다음 날, 승현이는 한숨 소리가 아닌 목구멍소리로 "으~으" 하고 소리를 냈습니다. 선생님도 따라 "으~으" 소리를 냈지요. 몇 분

동안 계속 같은 소리를 주고받았습니다. 그다음에는 승현이가 한 박자 쉬고 "으~흐흐" 소리를 내어 선생님도 한 박자 쉬고 과장되게 무릎을 치며 "으-흐흐" 했습니다. 이렇게 몇 번을 주거니 받거니 하고 나니 승현이가 선생님 얼굴을 빤히 쳐다보며 "흐흐흐흐" 하며 웃었습니다. 선생님도 따라 웃었어요. 즐거운 상호작용 놀이였습니다. 이것을 지켜보는 엄마도 더없이 흐뭇해했습니다.

그리고 며칠 후 엄마는 선생님의 휴대폰으로 하나의 동영상(아이와 "으", "흐" 하며 발성을 주고받는 장면)과 함께 '아이가 처음으로 나를 보고 웃어 주었어요.'라는 문자를 보냈어요.

아이 발달의 동력,
주도성을 촉진하는 반응육아법

"4는 패티고, 3은 크롱이야."

만 3세쯤 된 지훈이는 나이에 비해 말을 무척 잘하고 숫자에
도 관심이 많았어요. 엄마는 내심 지훈이가 또래보다 똑똑하다고
생각했습니다. 그런데 막상 3세반으로 올라가서는 어린이집 선
생님이 지훈이에 대해 걱정하는 말을 했어요. 자기가 하고 싶은
것에 대한 고집이 세다 보니 아이들과 잘 어울리지 못한다는 것
입니다.

다음은 카메라가 설치된 방에서 엄마와 지훈이가 자유롭게 놀
이하는 모습을 10분 동안 관찰한 것입니다.

지훈이 엄마는 다른 엄마와 마찬가지로 놀이방에 들어오면서

부터 "야~여기 재미있는 장난감 참 많구나!", "뭐부터 가지고 놀까?", "우리 집에 없는 것도 많네!" 하며 쉴 새 없이 말하기 시작했어요. 지훈이는 자신이 가장 좋아하는 뽀로로와 숫자가 프린트된 정육면체 주사위를 발견하고는 매우 밝은 표정을 지었습니다. 아이는 이미 뽀로로 그림이 그려진 주사위에 마음을 온통 빼앗긴 듯했지요.

엄마 "책 읽어 볼까? 이거 어때?"
아이 "에디? 패티?"
엄마 "와, 이 책 재미있겠다. 동물이야, 지훈이가 좋아하는 공룡이네."
아이 "와 뽀로로다, 에디도 있어, 패티도 있어."

이렇게 엄마와 지훈이는 각자 혼잣말을 하듯이 대화를 했어요. 그러다가 엄마가 책을 포기하고 드디어 지훈이 곁으로 다가갔습니다.

엄마 "주사위가 재미있어? 그럼, 우리 이거 던져 볼까?"
아이 "3은 크롱."
엄마 "이거 위로 던져 보자."
아이 "1은 뽀-로-로-"
엄마 "아니, 우리 주사위 한번 던져 보자. 주사위는 던지는 거야. 주사위 던지면 참 재미있어."

엄마는 책읽기 대신 아이가 좋아하는 주사위를 함께하고자 했습니다. 그런데 이번에는 '주사위를 던져서 숫자가 나오게 하는 놀이'를 제안했어요. 하지만 지훈이의 반응이 없자 엄마는 주사위 놀이를 포기하고 아이 방식대로 반응하기로 했습니다. 사실 지훈이 엄마는 아이와 재미있게 놀아 주고자 했고, 억양도 유치원 선생님처럼 매우 생기 있고 재미있는 편이었습니다. 하지만 지훈이는 엄마에게 반응하지 않았어요. 이번엔 엄마가 지훈이에게 반응하니, 아이는 곧 엄마의 말에 반응했어요.

엄마 "그래, 뽀로로, 뽀로로지."

아이 "응, 뽀로로. 6은 에디, 에디야."

엄마 "6에는 에디가 있네."

아이 "응, 4는 패티고, 3은 크롱."

엄마 "3은 크롱이구나?"

아이 "응, 5는 포비, 5는 피아노 쳐."

엄마 "응?"

아이 "포비는 피아노 쳐요."

엄마 "아, 맞다. 뽀로로에서 포비가 피아노 쳤지."

아이가 생각한 방식대로 놀도록 지지해 주는 것이 바로 아이가 활동에 능동적으로 참여하도록 촉진하는 방법입니다. 그런데 부모

아이의 잠재력을 이끄는 반응육아법

들은 물건의 원래 기능에 맞춰 사용법을 알려 줘야 된다고 생각하는 것 같습니다. 그런데 부모들은 자신이 생각하기에 적합한 놀이를 아이에게 알려 주고 싶어합니다. 그것이 아이와 잘 놀아 주는 방법이라고 착각하기도 하지요.

앞의 지훈이 엄마도 지훈이가 방 안에 있는 많은 장난감을 가지고 놀게 하고 싶어 했어요. 하지만 정작 지훈이는 엄마가 고른 장난감에 아무 반응도 하지 않았어요. 그런데 지훈이가 좋아하는 장난감과 놀이 방식에 엄마가 반응하니 아이도 금세 반응을 보였습니다. 지훈이는 숫자와 캐릭터를 연결시키는 능력을 보여 주며 엄마와 상호작용을 했어요. 또한 만화영화 〈뽀로로〉에서 포비가 피아노 치는 것과 주사위에서 숫자 5와 연결되어 있는 포비를 조합해서 "5는 피아노 쳐."라며 사고가 확장되는 모습까지 보였습니다.

일상에서 아이와 놀이하면서 약 5분간 관찰해 보세요. 그리고 우리 아이와 상호작용을 얼마나 잘하고 있는지 체크해 보세요.

"우리 아이는 주도적으로 상호작용을 하나요?"

- ☐ 우리 아이는 장난감을 가지고 놀 때 무엇을 하며 놀지, 어떻게 놀지를 자신이 결정한다.
- ☐ 우리 아이는 또래와 함께 놀이할 때 적극적으로 놀이 상대자가 되어 함께 논다.
- ☐ 우리 아이는 놀이하는 동안, 빈번이 어떤 소리를 낸다(정확하지 않아도 된다).
- ☐ 우리 아이는 부모에게 자신의 현재 기분이나 필요한 것을 말로 표현하여 알리려 한다(정확한 단어가 아니어도 된다).
- ☐ 우리 아이는 상황에 적절한 표현(예: 인사하기, 요구하기 등)으로 의사소통을 한다.
- ☐ 우리 아이는 새로운 장난감에 대해 주저함 없이 적극적으로 시도한다.

아이의 행동과 말을 그대로 모방하기

• **왜 중요한가요?**

아이의 행동과 말을 그대로 모방하면 두 가지 효과가 있습니다. 하나는 아이와 상호적인 관계가 형성되고, 또 하나는 어른과의 상호작용에서 아이가 주도할 기회를 주게 됩니다. 이때 아이가 마주 보거나 쳐다보고 있을 때 행동을 따라 해주어야 아이가 알아차릴 수 있습니다. 때론 어른이 싫어하거나 금지했던 행동을 아이가 더욱 하려 한다면, 이것은 어른이 자신을 모방하고 있음을 알고 있는 것입니다. 그럴 때 마음속으로 '음, 효과가 있군.' 하며 즐겁게 따라 해주면 됩니다. 이와 같이 아이가 인과관계를 이해하는 것은 인지 학습의 시작입니다. 그러니 자연스럽게 모방해 주세요. 아이의 행동에는 끝이 있다는 것을 믿어 보세요. 단, 안전을 위협하거나 사회적 규칙에서 벗어난 행동을 모방해서는 안 됩니다.

그럼 모방의 두 가지 효과를 하나씩 살펴볼까요.

첫째, 아이가 현재 하고 있는 것을 모방하면 부모와 아이는 상호적인 관계를 형성합니다. 아이는 어른인 부모가 자신과 똑같은 행동을 하고, 심지어 평소 부모가 싫어하던 행동도 따라 해줄 때 동질감과 함께 자신을 이해해 준다는 느낌을 갖게 됩니다. 그러면서 부모를 거부하기보다 친구로 받아들이고 자기 것을 함께하기 시작합니다. 이는 연예인 해외 봉사활동 장면에서도 잘 알 수 있어요. 한국 TV에서는 매우 화려했던 연예인들이 아프리카 봉사에서는 민낯에 수수한 차림으로 그들의 음식을 함께 맛보고, 그들이 하는 방식을 따르고 그들의 언어를 배우려고 애쓰는 것을 보았지요. 이처럼 상대가 하는 방식과 행동을 그대로 따라 할 때 우리는 언어가 통하지 않더라도 '나와 비슷하네.'라며 친밀감을 느끼고 신뢰관계를 만들어요.

둘째, 모방은 아이가 주도할 기회를 직접적으로 주는 것입니다. 아이의 행동을 그대로 따라 하면 아이는 통제감을 느끼는데, 마치 자신을 따라 하는 부모와 그림자놀이를 하고 있는 듯이 느낍니다. 리모컨으로 조정하듯 부모를 이렇게 저렇게 조정해 보면서 통제감을 느껴요. 통제감이란 자신이 상대에게 영향을 미치고 있다는 것을 느낄 때 만들어지는 심리적 능력이에요. 평소 자신은 못하는 것, 모르는 것을 척척 해결하는 부모가 자신과 똑같은 수준으로 자신처럼 움직일 때 아이들은 얼마나 우쭐할까요? 아이들은 자신이 부모의 행동을 통제하는 것에 대해 즐거움과 재미를 느껴 그 행동을 더 많이 하고, 이렇게 스스로 능동적인 수행을 많이 하다 보면 숙련이 되어서 잘하게 돼요.

　때로는 아이의 어눌한 언어를 그대로 따라 하는 것에 대해 걱정하는 부모가 있어요. 혹시 아이의 어눌한 말이 그대로 굳어 버리면 어쩌나, 정확한 언어를 배우지 못하면 어쩌나 하고 걱정을 하기도 해요. 하지만 다르게 생각해 봅시다. 우유를 "우우"라고 말하는 아이에게 정확히 가르쳐 준다고 해서 아이가 바로 "우유"라고 정정하여 발음할 수 있나요? 부모가 발음을 고쳐 준다고 아이가 바로 "우유"라고 말할 수 있다면 처음부터 "우유"라고 말했겠지요. "우우" 정도로 발음하는 것이 아이의 현재 발달 수준인 겁니다. 그러니 처음에는 아이 수준에 맞춰 "우우" 하며 반응해 주세요. 그러면 아이는 우유가 먹고 싶을 때나 우유에 대해 얘기하고 싶을 때 편안하게 "우우"라고 발음하며 엄마와 의사소통을 하게 됩니다. 대화를 할 때 중요한 것은 어휘 수가 아니라 주고받는 상호작용 능력이니까요.

- 아이가 하는 소리는 무엇이든 그대로 따라 해주세요.

- 아이가 말하는 음절수, 억양을 그대로 따라 말해 주세요.

- 아이가 하는 무의미한 행동들(예: 손가락을 꼬물거리거나 코를 훌쩍거림)을 그대로 따라 반응해 주세요.

- 예를 들어, 아이가 '우유'를 먹고 싶어서 "우", "우"라고 말하면 그대로 "우~"라고 말하며 우유를 꺼내 주세요. 처음에는 "우유 해봐, 우유 주세요 해야지."라고 재촉하지 마세요.(이후에 "우유", "우유 주세요."로 확장해 줘요.)

아이의 사소한 행동에 즉각적으로 반응하기

• 왜 중요한가요?

12개월 미만의 아기들이 보이는 사소한 일상적인 행동에는 트림하기, 응시하기, 눈동자 돌리기, 발차기 등이 있습니다. 조금 큰 아이들은 손장난을 하거나 얼굴을 긁적거리기도 합니다. 이러한 '사소한 행동'은 어떤 의도나 목적을 가지고 하진 않지만, 이러한 사소한 행동에 부모가 즉각적으로 반응해 주면 그것은 의미 있는 사회적 상호작용을 만듭니다. 다시 말해 아이가 한 작은 행동에 반응해 줌으로써 의미를 부여하면 아이는 사회적 상호작용을 점차 이해하게 된답니다. 그리고 점점 더 자신이 한 행동에 상대의 반응을 기대하며 상호작용을 키워가게 됩니다.

현재 아이의 발달 수준에 맞는 행동을 충분히 반복하고 실행할 때 아이는 그다음 단계로 나아갈 수 있습니다. 그러므로 아이의 작은 행동에도 즉각적으로 반응해 주세요. 그만큼 현재 아이의 발달 수준에 관심을 가지고 아이의 행동을 존중하고 있음을 확인시켜 주는 거지요. 실제로 아이가 시도하는 의사소통 수준을 이해하고 미성숙한 소리를 내더라도 반응해 주면 아이는 계속해서 다양한 소리를 냅니다. 그러다 보면 아이는 자신이 어떻게 소리를 내고 있는지를 차츰 인식하면서 변화가 일어납니다. 아이는 자신이 하는 행동이 부모에게 어떤 영향을 미치는지 감각적으로 인식할 수 있고, 행동을 더욱 자신감 있게 표현할 수 있지요.

앞의 승현이 사례에서처럼, "아이가 아무것도 하는 것이 없어요." 하던 승현이 엄마는 이렇게 무의미하다고 생각했던 아이의 작은 행동만으로 상호작용이 되자 "처음으로 아이의 존재를 느끼게 되었어요.", "처음으로 아이가 나를 보고 웃어 주었어요."라고 말했습니다. 이처럼 아이의 사소한 행동에 대한 반응이 아이가 주도하는 행동으로 이끌고 상호작용을 가능하게 해줍니다.

- 아이의 작은 행동에 즉각적으로 반응해 주세요.(예: 한숨 소리, 무의미한 응시, 놀면서 내는 혼잣말 등)
- 아이가 혼자서 하는 놀이나 혼잣말에 즉시 반응해 주세요. 예를 들어, 아이가 놀이하면서 "어이쿠 떨어졌네?"라고 혼잣말을 하는 것에 곧바로 "떨어졌어?"라고 반응해 주세요.
- 아이가 하는 이상한 행동도 그대로 따라 반응해 주세요.(예: 코 움찔하기, 손가락 장난놀이, 발가락 꼼지락거리기 등)

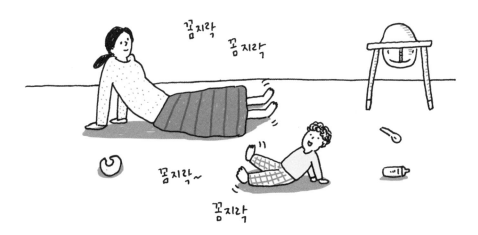

질문 없이 아이와 대화하기

• 왜 중요한가요?

　부모와 아이가 상호작용하는 장면을 관찰해 보면 부모들은 대부분 침묵의 시간을 견디지 못해요. 그래서 아이가 어떤 활동을 말없이 하면 엄마는 옆에서 계속 말을 합니다. 침묵하는 시간이 몇 초에 불과한데도 엄마는 그 순간을 참지 못하는 것 같아요. 아무 말도 하지 않는 그 순간 동안은 아마도 부모 자신이 아이에게 아무것도 안 해준다고 느끼는 모양입니다. 하지만 아이는 그 순간에도 열심히 사고하고 쉬지 않고 활동하고 있다는 사실을 명심하세요.

　오히려 끊임없이 설명하고 아이에게 제시한 단어를 따라 하도록 유도하거나 확인하는 질문을 계속한다면 아이의 인지 발달과 언어 발달을 방해하게 돼요. 왜냐하면 아이는 자신이 주도하는 활동과 관련된 정보나 지시에 쉽게 반응하기 때문이에요. 또한 아이가 스스로 주도하는 행동이나 활동을 중심으로 상호작용을 할 때 아이는 더 오랫동안 활동에 참여할 수 있어요.

만약 아이가 가지고 노는 장난감과 도구를 보며 "이건 무슨 색깔이야?", "어떻게 하는 거지?"라고 질문하며 답하도록 하거나 "소방차, 해봐.", "딸기 있네, 딸-기"라고 말하며 단어를 반복하며 테스트하듯 따라 하게 해도 현재 아이가 관심 없거나 상호작용하는 것과 상관없다면 소용이 없어요. 오히려 아이는 흥미를 잃고 그 자리를 벗어날 거예요. 그러면 상호작용할 기회가 줄어들면서 자연스레 말하는 기회가 적어지죠. 결과적으로 의사소통 능력을 키울 기회가 줄어듭니다.

또한 아이에게 책을 읽어 주면서도 답을 미리 가르쳐 주면 큰일이라도 날 것처럼 "바위 뒤에 뭐가 있지? 눈이 빨갛고 귀가 길지? 얼마 전에 동물원에서 봤지?"하며 스무고개 넘기를 시도합니다. 그러나 부모가 지나치게 질문을 많이 하고 답을 묻는 일이 많아질수록 아이는 활동에 흥미를 잃고 강요당한다고 느낍니다. 급기야 아이는 부모를 피하게 되고, 결국 적극성을 잃고 말지요. 따라서 아이에게 질문을 하며 어떤 답을 얻어 내는 식의 대화를 하지 말아 보세요. 그보다는 아이가 한 말을 반영하거나 즐겁고 재미있다는 표현을 해주세요.

아이가 말을 잘하도록 하기 위해 때로는 언어 자극을 많이 주는 것도 중요할 수 있습니다. 그러나 우리가 간과한 사실은 주입만으로 학습이 이루어지지 않는다는 것입니다. 아이가 이미 알고 있는 소리나 단어를 계속 반복해서 말해야 잘할 수 있게 됩니다. 아이가 더 많이 말할 수 있도록 기다려 주세요. 부모는 아이가 알아들을 수 있는 짧은 문장으로 말하고, 했던 말을 반복하지 말아 보세요. 아이가 자발적으로 의사소통을 하는 일이 더욱 많아질 것입니다.

- 아이가 현재 하고 있는 활동에 적합한 말로 대화하세요. 아이의 말을 그대로 반영하며 대화해 주세요. 예를 들면, "비행기야."라고 아이가 말하면 "비행기!"라고 반응합니다. "비행기는 뭐야? 무슨 색이야?"라는 식의 질문형 대화는 피하세요.

- 아이에게 질문형을 사용하지 않고 대화해 보세요. 예를 들면, 의문사(what, how)로 시작하는 식의 "이게 뭐야?", "몇 개야?" 하는 말은 빼고 대화해 보세요.

- 만일 아이가 대답하지 않는다면 질문을 반복하며 대답을 강요하지 마세요. 반응이 없다면 그것은 아이에게 무의미하므로 즉시 그만두어야 합니다.

아이가 내는 소리에
의미 있는 것처럼 대화하기

• 왜 중요한가요?

아직 말을 못하는 어린아이는 부모와 상호작용을 하는 것이 대화의 시작이에요. 왜냐하면 상대에게 자신의 느낌이나 감정을 전달하는 것이 바로 소통이고, 소통은 상호작용 능력이 있어야 가능하기 때문입니다. 예를 들어 생후 2개월 된 아기가 "옹알옹알." 하니 엄마가 "그랬어."라고 반응하고, 아이가 또 "옹알옹알." 하면 엄마가 "좋~아~!"라며 소리를 주거니 받거니 하며 서로 상호작용을 하고 있다면 이것이 대화죠.

물론 아기가 놀면서 옹알옹알 소리를 내는 것은 감각놀이의 하나일 뿐 상대방과 의사소통을 하려는 발성은 아닙니다. 하지만 부모가 아이의 행동이나 소리에 자주 반응할수록 아이는 우연히 한 행동이나 소리에 '아, 이렇게 이런 반응이 나오는구나.' 하고 의미를 부여하고 점차 같은 반응을 얻기 위해 의식적으로 경험했던 말과 행동을 사용하게 됩니다. 대화의 처음 형태는 의도적으로 어떤 정보를 교환하고자 하는 의식적인 노력은 아니었지만, 점차 주변 반응을 경험하면서 인과성을 깨닫고 의도적인 대화로 발전하게 되지요.

아이는 부모와 일상에서 주고받는 사회적 상호작용 경험이 많을수록 어떤 상황에서 어떤 결과가 온다는 것을 깨닫게 됩니다. 이렇게 다른 사람과 함께 활동하면서 자신이 한 반응에 대해 피드백을 예상하면서 스스로 발성하는 비율은 더욱 많아집니다. 예를 들면, 아직 말이 서툰 12개월 된 아이가 컵을 높이 들었더니 엄마가 "더 줘?"라고 말하며 주스를 더 따라 주었고, 이러한 상황이 반복되면 아이는 컵을 높이 들어 올리는 행위와 '더 줘?'라는 말, 그리고 주스를 더 따라 주는 행위가 어떤 관계성이 있는지 깨닫게 됩니다. 그리고 '더 줘?'라는 말을 이해하게 되고, 발성할 수 있는 능력이 생겼을 때 '더 더'라는 1음절어를 표현하지요. 그리고 이후 '더 줘.'라는 2음절어로 표현할 줄 알게 되고요. 즉 아이가 컵을 들어 올릴 때 '더 ~ 줘~.'라는 엄마의 반응에 아이는 '더 더'라는 언어를 상황과 함께 배우는 것입니다.

아이가 소리를 내어 다른 사람과 의사소통을 하게 도우려면 아이가 지금 내는 소리에 더 많이 반응해 주세요.

- 아이가 그냥 혼자 놀이를 하거나 일상에서 어떤 의도 없이 내는 소리에 곧바로 반응해 주세요.

- 의사소통의 시작은 아이와 같은 활동을 하면서 함께 흥미를 느끼는 거예요. 예컨대 무심코 내는 '휴' 하는 한숨 소리, 코에서 나는 '쌕쌕' 소리일 수도 있어요.

- 아이가 아직 어리거나 말을 배우기 시작할 때, 부모는 아이가 정확한 단어를 사용하는지 또는 정확하게 발음하는지에 관심을 두기보다 일단은 서로 주고받고 소통이 되는 상황을 만드는 것이 중요해요.

- 언어는 비언어적 이해부터 시작해요. 아이가 소리를 낸 상황에 맞추어 아이의 생각이나 요구를 알아채고 반응해 주세요.

아이의 성장,
다음 단계로 확장하는
반응육아법

왜 너만 못하니?

유치원에 다니는 초롱이가 말을 더듬자 초롱이 엄마는 상담을
받았어요. 초롱이 엄마는 학부모 모임에 나갔다 오면 조기 자극의
중요성을 느껴 마음이 급해진다고 했지요. 실제로 초롱이는 영어
학원, 한글, 한자, 운동, 과학 활동 등 많은 과외 공부를 하고 있었
습니다. 그런데 최근 시작한 한자 공부에서 문제가 발생했지요. 초
롱이는 한자 익히기가 어렵고 부담스러워지자 말더듬 증세를 보
였습니다. 엄마는 "왜 너만 못하니?"라며 다른 아이들과 비교했고,
이것이 아이를 더욱 긴장하게 만들어서 말을 더듬기 시작했던 것
이죠. 엄마는 초롱이가 다른 아이들에 비해 뒤처지지도 않는데 왜
한자를 어려워하는지 이해할 수 없다고 했습니다.

어른들도 떨리고 긴장되는 상황에서 실수를 하듯이 잘하라고 아이를 다그치면 할 수 있던 것도 못하게 됩니다. 뇌는 안정적일 때 기억이나 학습 등 고등인지 능력을 개발시키는 데 집중할 수 있지만 불안한 상태에서는 정서를 안정시키는 데 집중하게 되니까요. 또한 아이의 특성과 능력에는 개인차가 있기 때문에 초롱이에게 "다른 아이는 괜찮은데 왜 너만 못 견디니?"라고 나무랄 수는 없습니다.

분명 아이마다 다른 발달 특성을 가지므로 발달 수준, 흥미, 현재 상태 등 우리 아이의 특징을 잘 관찰해야 합니다. 반응적인 부모는 아이의 발달 수준에 맞춥니다.

부모가 아이의 성장을 위해 더 좋은 방법, 그리고 아이가 모르는 다른 방법도 알려 주는 것이 당연합니다. 하지만 지금 아이가 부모 말에 관심이 없고 도망가 버린다면 이 모든 정보는 다 소용이 없어요. 반응적인 부모는 아이를 잘 가르치기 위해 먼저 자신의 말이 아닌 아이가 하는 말, 행동을 그대로 혹은 약간만 바꾸어서 반응합니다. 만일 아이가 한 단어로 대화한다면, 부모는 처음에는 한 단어로 말하고 조금만 확장하여 세 단어로 된 문장으로 말합니다. 만일 아이가 장난감을 '땅땅' 치면서 놀고 있다면, 부모는 처음에 아이와 마찬가지로 장난감을 '땅땅' 칩니다. 그러고 나서 서서히 장난감의 다른 부분을 '땅땅' 치면서 다른 사물을 치는 것을 보여 주거나 "땅땅땅!" 하는 말과 함께 사물을 치는 행동을 보여 줍니다. 아이를 먼저 인정해 줄 때 아이는 나와 함께 하고 싶어 하고, 그러면서 함께 다음 단계로 나아갈 수 있습니다.

일상에서 아이와 놀이하면서 약 5분간 관찰해 보세요. 그리고 우리 아이와 상호작용을 얼마나 잘하고 있는지 체크해 보세요.

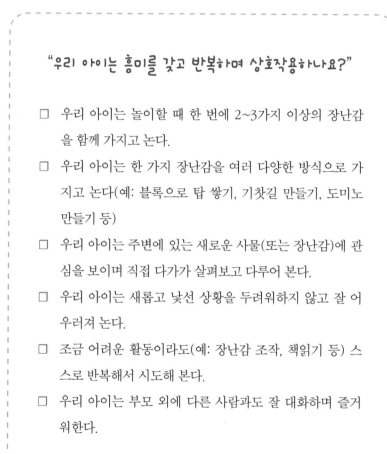

"우리 아이는 흥미를 갖고 반복하며 상호작용하나요?"

□ 우리 아이는 놀이할 때 한 번에 2~3가지 이상의 장난감을 함께 가지고 논다.

□ 우리 아이는 한 가지 장난감을 여러 다양한 방식으로 가지고 논다(예: 블록으로 탑 쌓기, 기찻길 만들기, 도미노 만들기 등)

□ 우리 아이는 주변에 있는 새로운 사물(또는 장난감)에 관심을 보이며 직접 다가가 살펴보고 다루어 본다.

□ 우리 아이는 새롭고 낯선 상황을 두려워하지 않고 잘 어우러져 논다.

□ 조금 어려운 활동이라도(예: 장난감 조작, 책읽기 등) 스스로 반복해서 시도해 본다.

□ 우리 아이는 부모 외에 다른 사람과도 잘 대화하며 즐거워한다.

반 응
육아법 **10**

아이가 즐거워하는 활동 반복하기

• 왜 중요한가요?

12개월이 안된 아기들은 즐겁다는 표현을 어떻게 하나요? 장난 감을 입에 넣거나 두드리거나 던지고 손을 위아래로 휘젓기도 해요. 이때 부모도 함께 즐거움을 표현해 보세요. 아이들은 부모와 함께 있는 것이 즐거울 때 더욱 함께하고 싶어 하니까요. 그런데 부모들은 다양한 경험을 하게 해주고 싶은 욕심에 아이가 한창 재미있어 할 때 '이번엔 이것 해보자'라고 다른 것에 관심을 돌리려 합니다. 아이가 뭔가를 하고 있다면 그것은 바로 학습 중입니다. 아이가 즐거워하는 것을 중단시키지 말고 계속 반복해서 놀아 주세요. 아이들은 즐거운 것이라면 아무리 반복해도 싫증을 내지 않습니다.

피아노를 배울 때 처음에는 서툴고 어색하지만 꾸준히 연습하면 멋진 멜로디를 연주할 수 있지요? 이와 마찬가지로 스포츠계 사람들은 기술을 숙련하는 유일한 방법은 반복 연습이라고 입을 모아 말합니다. 또한 실력 있는 운동선수들은 단지 기술을 배울 때뿐만 아니라 숙달한 후에도 계속해서 꾸준히 연습시간을 가진다는 얘기를 들었지요? 세계적으로 유명한 야구선수인 추신수 선수는 지금도 새벽 4시면 운동장에 나와 배팅 연습을 한다고 합니다. 이러한 반복 연습을 통해 기술이 몸에 배어 시합 때면 자연스럽게 사용할 수 있게 된다는 겁니다.

이처럼 아이 또한 새롭게 배운 행동과 개념을 사용할 수 있으려면 반복해서 해보아야 합니다. 다양한 상황에서 새로운 행동을 해보고 반복함으로써 다양한 사물, 사람, 상황의 범주를 넓혀 가는 방식을 발견하는 거지요. 즐겁고 흥미로운 것은 아이 스스로 반복해서 실행하지요. 따라서 아이가 즐거움과 재미를 느끼는 활동을 계속할 수 있도록 해주는 것이 중요해요. 아이가 즐거워하는 활동을 중심으로 상호작용을 하게 되면 부모 역시 아이와 함께 있는 것 자체를 즐기게 될 거예요.

- 아이는 자신이 즐거워하는 것을 부모가 함께 해줄 때 그 행동을 반복해요. 아이가 즐거워하는 활동을 인정하고 함께 해주세요.

- 부모는 아이와 상호작용할 때 활동 자체가 아니라 아이와 함께 하는 즐거움에 초점을 두세요.

- 장난감 매뉴얼대로 하도록 강요하지 말고 아이가 만든 방식대로 놀아 주세요. 예를 들어, 아이가 실로폰을 손이나 다른 물건(인형)으로 두드릴 때, 막대기를 주며 "이렇게 해야지."라고 정확한 용도를 가르쳐 주지 않아도 돼요.

- 아이와 같은 물건으로 두드려 주세요. 아이는 '막대기로 두드려 소리내기'를 원한 것이 아닐 수도 있어요. 실로폰에는 어떤 물건을 사용하면 좋을지는 아이가 경험하면서 배울 수 있어요. 아이가 배울 기회를 주세요.

반 응
육아법 **11**

발달 수준에 맞는 활동하기

• 왜 중요한가요?

18개월 된 아이가 "아땅"하고 발음할 때 엄마가 "사탕"이라고 정
확한 발음을 가르쳐 주면 아이가 곧바로 발음을 고칠 수 있을까요?

아이에게 뭔가 시키거나 말을 해보라고 했을 때 그것이 아이의
발달 수준에 맞는지 생각해 보세요. 아이뿐만 아니라 어느 누구라
도 자신이 할 수 있는 범위를 넘어서는 요구에는 반응하기 어렵지
요. '칭찬은 고래도 춤추게 한다'고 했어요. 아이들은 자신이 한 것에
대해 부모가 칭찬해 주면 오버하면서까지 뭔가를 보여 주려 해요.

자신감은 얼마나 영리하고 능력이 있는지에 대한 객관적 판단이
아니라 자신이 내리는 심리적인 주관적 판단입니다. 자기 자신과
자신의 능력에 대해 스스로 어떻게 느끼는지에 관한 것입니다. 발
달심리학자들의 연구에 의하면, 아이의 자신감 형성에 부모가 매
우 중요한데, 부모와의 상호작용에서 부모가 요구하는 것을 자신
이 할 수 있을 때 자신에 대해 긍정적인 개념을 갖게 되고, 반대로

부모가 요구하는 것을 할 수 없을 때 자신에 대해 부정적인 개념을 갖게 된다는 겁니다.

아직 혀가 정교하지 못해서 "아땅" 하는 소리를 내는 것인데 엄마가 계속 "사탕 해야지", "사탕이라고 해봐"라고 윽박지르면 아이는 당연히 실패를 경험합니다. 왜냐하면 아이는 아직 성숙적으로 불가능한 상태이니까요. 더 나아가 엄마의 강요가 계속되면 아이는 끝내 '나는 엄마가 요구한 대로 할 수 없어, 난 말을 잘 못하나 봐.'라고 좌절하게 되지요. 아이는 부모와의 상호작용에서 첫 번째 실패를 경험합니다. 만약 부모가 아이 스스로 할 수 없는 것들을 계속 요구하고 제안한다면, 실패를 경험할 수밖에 없죠.

다른 입장에서 생각해 보면 부모가 일상에서 아이가 해낼 수 있는 활동을 시킬수록 아이는 자신이 능력이 있다고 인식하고, 반대로 영리하고 능력이 있는 아이일지라도 해낼 수 없는 것을 부모가 요구하고 기대한다면 자신에 대해 부정적인 느낌을 갖게 되는 것입니다. 결국 실제로 아이가 얼마나 영리한지 또는 능력이 있는지와는 상관없이 기대치를 어떻게 가지는가에 따라 실패 확률이 높을 수도 낮을 수도 있습니다. 아이의 발달 수준에 맞는 요구를 하는 것, 그래서 아이가 성공 경험을 많이 가지는 것 이것이 자신감 있는 아이로 키우는 방법입니다.

●●● 아이의 잠재력을 이끄는 반응육아법

- 우리 아이 발달 목록을 만들어 보세요. 현재 아이가 할 수 있는 것을 우리 아이의 행동 목록으로 인정하세요. 그리고 일상에서 우리 아이가 최근 하는 말, 놀이 방식, 좋아하는 행동을 자주 해 보세요.

- 아이가 한 것을 평가하려 하지 말고 그대로 격려의 말로 반응해 주세요.

- 아이에게 무엇을 하라고 요구할 때, 아이가 반응하기 전에 같은 말을 몇 번이나 반복했는지 세어 보세요. 또한 아이가 내 말을 몇 번이나 무시했는지 세어 보세요.

아이의 의도를 표현해 주기

• 왜 중요한가요?

대부분의 어른들은 아이에게 말을 가르칠 때 정확한 형태로 의사소통하는 것을 보여 줘야 한다고 생각합니다. 실제로 일부 전문가들은 부모에게 아이와 대화할 때 아이가 하는 아기 말투를 정확하게 바로잡아 주라고 권유합니다. 아마도 이는 아이가 내는 아기말투를 단순히 어눌한 초기 의사소통 형태를 격려하는 정도로 생각하기 때문입니다. 하지만 언어에서 중요한 것은 소통, 상호작용임을 명심해야 합니다. 연구 결과에 따르면 아이는 정확한 말보다 자신의 말투로 의사소통할 때 더 관심을 가지고 많은 반응을 합니다.

아이가 언어를 배우기 시작할 때 정확하게 언어를 사용하는가보다는 아이의 생각, 관찰, 또는 요구에 더 많은 관심을 두어야 합니다. 아이가 낸 발음이나 단어가 부정확해도 아이가 의도한 대로 반응해 주세요. 정확한 단어를 정확한 발음으로 말하라고 요구하면오히려 아이의 의사소통을 방해하게 됩니다. 만 2살 된 아이가 '이마트'를 '시마츠'라고 서툴게 발음하는 것은 당연합니다. 아이가 부정확한 말을 해도 의도를 알아채고 그대로 따라서 발음해 줄 때 아이는 표현에 자신감을 갖고 새로운 표현을 계속 하게 됩니다. 이러한 연습을 통해 아이의 발음은 점점 더 정교해지게 되죠.

또한 아이의 행동이나 감정, 그리고 말하고자 하는 의도를 단어로 표현해 주세요. 이때는 아이가 그 순간에 경험하는 것과 관련된 단어를 사용해야 보다 쉽게 언어를 배울 수 있습니다. 현재 상황에 맞는 의성어나 의태어, 또는 명사를 사용해서 아이와 이야기를 나누세요. 예를 들면 아이가 엄마에게 다가올 때 "왜", "뭐 줘?"라는 말보다는 "엄마"라고 말해 주거나, 아이가 강아지를 만지고 있을 때 "아, 예쁘다 해줘.", "조심해!"라는 말보다 "강~아~지~"라고 말해 주면 되지요. 아이들은 자신이 경험하는 상황과 관련성이 있을 때 더 잘 기억한다는 사실, 잊지 마세요.

부모가 어눌한 말에 반응해 준다고 해서 아이의 낮은 수준의 행동을 강화하지 않습니다. 혹시 '아이에게 정확한 것을 가르치지 않는 것인가?' 하고 두려워하지 마세요. 오히려 아이가 현재 하는 수준의 의사소통을 통해 부모와의 능동적인 대화를 이어 갈 수 있고 이는 의사를 전달하려는 아이의 노력을 강화하고, 다음 단계의 언어를 학습할 기회를 줍니다.

- 가까운 곳에 포스트잇을 붙여 놓고 1주일간 평소에 아이가 하는 말을 그대로 적어 보세요.

- 아이가 일상에서 하고, 보고, 만지고, 듣는 경험을 적어 보세요.

- 아이의 발음이나 언어를 정확히 교정하기보다 아이가 의도한 대로 말해 주면서 반응하세요. 아이가 엄마를 보면, "왜?", "왜 그러고 있어?"라고 반응하기보다 아이의 의도를 읽어 주며 "엄~마~.", 또는 "엄~마 좋아~"라고 반응해 주세요.

- 아이가 현재 하고 있는 수준에서 활동 범위를 확장해 주세요.

••• 아이의 잠재력을 이끄는 반응육아법

아이의 성숙된 능력,
자기 조절력을 키우는
반응육아법

작은 만족을 참을 줄 알아야 큰 만족을 얻는다

만 4세 된 아이들에게 선생님은 아이들이 얼마나 참고 기다
릴 수 있는지에 관한 실험을 해보았습니다. 선생님은 먼저 책상
위에 초콜릿 하나씩을 놓아두었습니다. 그리고 선생님은 아이들
에게 "자, 선생님이 잠깐 나갔다 올게요, 선생님 올 때까지 이거
먹지 말고 기다려야 해요, 그러면 선생님이 와서 한 봉지를 줄게
요."라고 주문했습니다. 아이들은 선생님이 오실 때까지 참고 기
다렸을까요?

이것이 바로 그 유명한 발달심리학자 미셸Mishel 박사의 마시
멜로 실험입니다. 아이들의 자기 조절 능력을 관찰한 실험이지
요. 결과는 어땠을까요? 대부분의 아이들은 선생님이 자리를 뜨

자마자 초콜릿을 바로 먹어 버렸는데 일부 아이들은 (참가자 중 3분의 1) 선생님이 올 때까지 참고 견뎌 내어 약속대로 한 봉지를 받았습니다. 그렇다면 선생님이 올 때까지 기다린 아이들은 어떻게 참을 수 있었을까요? 만족지연 능력을 보인 아이들은 주위에 있는 다른 사물을 쳐다보거나 노래를 부르는 등 딴청을 피우는 행동이 발견되었습니다. 바로 초콜릿에 대한 유혹을 잊으려는 자기조절 전략을 스스로 만들었던 것입니다.

이번에는 선생님이 다르게 실험을 해보았습니다. 아이들을 둘로 나눴습니다. 먼저 A집단 아이들에게는 "책상 위에는 초콜릿이 있지? 이 초콜릿은 어떤 특성이고 어떤 맛일지 생각하면서 선생님이 올 때까지 기다리세요. 선생님이 올 때까지 먹지 않고 기다리면 와서 1봉지를 더 줄게요."라고 주문하였습니다. 그리고 B집단 아이들에게는 "책상 위에 초콜릿이 있지? 이것을 검은 돌이라고 생각해 보세요 그리고 검은 돌로 무엇을 할지 생각해 보세요. 선생님이 올 때까지 먹지 않고 기다리면 선생님이 와서 한 봉지 줄게요." 라고 주문하였습니다.

결과는 어땠을까요? 사물을 다르게 인지하는 훈련을 받은 아이들은 더 오래 견딜 수 있었습니다. 즉 A집단 아이들은 평균 5분 정도 기다린 데 반해 B집단 아이들은 13분이나 참고 견뎠습니다. 결국 자기조절능력은 연습으로 키울 수 있다는 것입니다. 아이들이 커나갈수록 당장의 눈앞에 놓인 유혹에 넘어가느냐, 아니면 미래의 만족을 위해 현재의 욕구를 참아 내느냐 하는 갈등이 반복됩니다. 자신의 목표를 이루기 위해 순간적인 유혹을 참아 내는 것은 학창 시절은 물론 인생의 고비마다 반드시 필요한 능력입니다. 그리고 이는 어린 시절 연습에 의해 만들어질 수 있습니다. 그리고 자신의 감정을 잘 조절하는 능력은 이후 한 사람의 인생을 예견하는 중요한 능력입니다. 실제로 미셸 박사의 만족지연 능력 실험에서 유혹을 잘 참아 낸 아이들은 감정을 잘 조절하며 사회성이나 학업 성적도 뛰어났어요.

그렇다면 어떻게 아이들에게 이 능력을 키워 줄까요? 부모들은 아이에게 통제를 가르치기 전에 연령에 따른 발달 과정부터 잘 이해해야 합니다. 만 2세 이전 영아는 아직 스스로를 통제할 수 있는 시기가 아닙니다. 대개 만 3세 이후에야 뇌의 기본적인 조절시스템이 왕성하게 발달합니다. 따라서 3세 이후에는 지속적인 자기 훈련을 통해 통제력을 발전시켜 나갈 수 있습니다. 물론 개인마다 성장 발달 속도는 차이가 있고, 또 아이의 타고난 기질에 따라 다르게 나타날 수도 있습니다. 그리고 환경적으로는 아이와 엄마가 얼마나 안정적인 관계인가는 아이의 조절 능력에 좋은 영향을 미칩니다.

일상에서 아이와 놀이하면서 약 5분간 관찰해 보세요. 그리고 우리 아이와 상호작용을 얼마나 잘하고 있는지 체크해 보세요.

"우리 아이는 스스로 감정 조절을 잘 하나요?"

□ 우리 아이는 사소한 사건에 쉽게 짜증을 내고 울음을 터
  트리지 않는다.

□ 우리 아이는 한 활동에서 다른 활동으로 전환하기가 쉽다.

□ 우리 아이는 새로운 사람에 대해 쉽게 적응한다.

□ 우리 아이는 짜증을 낼 때 새로운 장난감이나 활동을 제
  안하면 쉽게 기분이 풀린다.

□ 우리 아이는 자신의 주변에 있는 것을 던지거나 공격적인
  시도를 거의 하지 않는다.

□ 우리 아이는 울거나 떼를 쓸 때, 부모가 달래 주면 금세 안
  정을 찾는다.

아이 기질에 맞춰 규칙 정하기

• 왜 중요한가요?

2014년 브라질 월드컵 때 이영표 전 국가대표선수 출신 K방송국 해설위원은 당시 우리나라와 러시아와의 경기에서 주심이 우리나라에 불리한 판정을 하자 다음과 같이 말했습니다. "우리가 주심을 바꿀 수는 없습니다. 그렇다면 선수들이 이 주심의 성향을 인지하고 적응해야 합니다." 결국 상대를 바꾸기 어렵다면 상대가 잘못되었다며 불평하고 항의하기보다 선수가 상대에 적응하여 경기를 이끌어 가는 편이 현명하다는 것이죠. 아이들과의 관계도 마찬가지입니다. 부모는 아이의 성향과 발달 수준에서 대처할 수 있는 능력 범위를 이해하고, 그에 적합한 요구를 할 때 아이는 스스로 조절하는 능력을 키우게 됩니다. 자신이 얻고자 하는 더 큰 만족을 위해 지금의 작은 만족을 참을 줄 아는 통제력을 키울 수 있게 되죠.

아이의 성향을 인정하고 타고난 기질과 늘 하는 행동 양식을 이해하면 어떤 상황에서도 아이의 반응 정도를 기대할 수 있게 되니다. 그러면 아이를 다루는 것이 훨씬 쉬워지겠지요. 만일 마트에 갈 때마다 아이가 아이스크림을 사 달라고 한다면, '마트에 가면 아이스크림을 사 줘야지.'라고 먼저 생각하면 됩니다. 아이스크림을 사 달라고 하는 행위를 '조른다, 또는 말을 안 듣는다.'라고 정의하고 떼쓰는 행동으로 평가하지 않게 되는 거죠. 부모를 괴롭히려는 의도를 가진 행동이 아니라 아이가 좋아하는 것을 요구하는 것이고 아직은 스스로 조절하기 어려워서라고 이해할 수 있게 되니까요.

매우 활동적인 아이에게 엄마를 기다리는 동안 도서관에서 책을 읽으라고 하면 얼마 지나지 않아 도서관을 돌아다닐 겁니다. 도서관에서 돌아다니는 행동은 주목 대상이 되지만 이 아이를 놀이터에 데려다 놓으면 문제가 되지 않겠지요. 이와 같이 아이의 특성을 알고, 그것에 맞추어 규칙을 정하면 협력하는 아이가 될 수 있습니다. 아이는 부모의 요구가 자신의 능력으로 할 수 있는 것일 때 순응할 수 있습니다.

말 잘 듣는 아이, 부모에게 "네, 엄마!" 하며 순응하는 아이로 키우고 싶다면, 아이의 행동을 관찰하고 아이의 능력을 알아야 해요. 만일 자신의 능력으로 충분히 할 수 있는 과제를 주면 아이는 분명히 해낼 테니까요.

- 아이의 현재 사회정서 능력 수준을 가늠하기 위해 발달 수준을 관찰해 보세요. 대부분의 아이들은 현재 나이가 비슷해도 의사소통, 인지발달 수준 또는 사회정서 수준이 다르게 나타날 수 있어요.

- 아이가 언제 부모의 요청을 무시하는지 기록해 보세요. 이때 언제 아이가 어떻게 하는지 그럴 때 엄마는 어떻게 반응하는지 가능한 한 구체적으로 기록해 보세요.

- 아이에게 요구했던 규칙이나 기대가 아이의 현재 수준에서 적합한지 발달 체크리스트를 참고하여 확인해 보세요.

- 부모가 가진 규칙과 기대가 아이의 현재 발달 수준에 비해 너무 높으면 아이의 현재 능력에 맞도록 바꿔야 해요.

'안 돼' 대신 '그래'라고 말하기

• 왜 중요한가요?

저녁 식사 준비를 하면서 엄마가 아이에게 "밥 먹자!"라고 부를 때, 아이가 "엄마, 나 아이스크림 먹을래."라고 하면 어떻게 하나요? 대부분의 엄마들은 "안 돼, 무슨 소리니, 밥 먹자는데.", "밥 먹고 먹어야지." 하며 첫마디를 부정적으로 표현합니다. 앞의 엄마가 한 말을 보면 사실 밥부터 먹고 아이스크림을 먹으라는 것인데, 아이는 그저 'no'의 의미로만 받아들입니다. 설사 밥을 먹고 엄마가 아이스크림을 주었다고 해도 아이는 '맨날 안 된대.'라는 부정 피드백만 기억합니다. 이때 긍정으로 한번 피드백해 보면 어떨까요? "그래, 밥 먹고 아이스크림 먹자."라고 말하면 yes 문장이 되어 긍정 의미로 전달될 수 있습니다.

이렇게 일상에서 사소한 것에 yes로 답하는 모델링을 먼저 보여 주면 아이도 엄마의 요구에 yes로 답하는 법을 배우게 됩니다. 아이와 놀이를 하거나 일상적인 활동을 함께할 때 선택할 기회를 자주 주세요. 아이가 부모와 무엇을 할지, 또는 어떻게 협력할지에 관해 선택권을 가지면 더 잘 협력하기 때문입니다. 이렇게 하면 최소한 두 가지 효과가 있습니다. 하나는 아이가 스스로 무엇을 할지 선택할 때 통제력을 키울 수 있습니다. 자신이 선택한다는 것은 동기를 자극하여 스스로 능동적인 책임을 가지게 하니까요. 다른 하나는 아이가 선택하고, 그 선택한 것을 인정해 줄 때 순조롭게 협력하기 때문입니다. 이는 사회교환 이론의 효과이기도 해요.

부모가 먼저 아이가 선택한 것에 긍정적으로 반응하면, 아이는 부모의 요구에 긍정으로 응답합니다. 때로는 '작은 긍정이 더 큰 긍정을 가져오는 효과'가 있습니다. 엄마에게 협력하는 아이를 원한다면 일상에서 사소한 것에 자주 'yes'를 해보세요.

아이가 하고 싶어 하는 것과 하고 싶은 방법을 선택하도록 기회를 주세요. 특히 아이들을 위한 놀잇감과 활동은 바로 아이들의 것입니다. 당연히 아이들이 중심이 되고 주도해야 맞지요. 아이가 스스로 선택한 것은 흥미와 관심이 있는 것이고, 그만큼 아이는 오래 집중하여 활동할 거예요. 또한 자신이 선택한 것을 어른이 따라 줄 때 아이는 책임감을 가지고 더욱 열심히 활동하여 주도성을 발휘할 것입니다.

- 일단 아이 주변에는 아이의 능력 범위 안에서 쉽게 꺼낼 수 있고, 다룰 수 있고, 혼자서 작동할 수 있는 장난감과 활동들을 놓아 주세요. 아이들은 장난감이나 활동이 손에 닿지 않는 곳에 놓여 있거나 혼자서 하기에 너무 어려울 때 스스로 선택하기 힘들어해요.
- 아이가 선택한 것 또는 아이가 제안하는 것에 우선 "그래."라고 말문을 떼 보세요. 그리고 다음 말을 이어 가세요.

●●● 아이의 잠재력을 이끄는 반응육아법

아이가 떼쓸 때 재미있는 상황으로 바꾸기

• 왜 중요한가요?

엄마는 출근해야 하는데, 아이가 어린이집에 가기 싫다며 떼를 쓉니다. 24개월 된 아이라면 엄마와 함께 집에 있는 것이 더 좋은 데 왜 어린이집에 가서 놀아야 하고, 왜 엄마가 자신을 떼어 놓고 다른 곳(직장)에서 하루 종일 보내는지 이해하기 어려울 것입니다. 때문에 아이는 자신의 기분대로 짜증을 내며 그대로 감정을 표현합니다. 이때 엄마들은 "너 이렇게 졸라 대면 혼자 집에 있어.", "엄마가 셋 셀 동안 울음을 그치지 않으면 집에 혼자 두고 엄만 나가버릴 거야."라고 엄포를 놓기도 합니다. 그런데 아이가 셋을 세어도 울음을 그치지 않는다면 어떻게 할까요? 대부분의 엄마들은 아이를 끌어안고 강제로 어린이집에 데려다줍니다. 아이는 엄마의 엄포에 더욱 불안을 느껴 더 크게 우는 상황인데도 말입니다.

이런 경우에 엄마가 아이에게 맞추어 반응해 주는 방식을 사용하면 어떨까요? 예를 들면, 아이에게 간지럼을 태우며 "너 정말 안

갈 거야? 이래도 안 갈 거야?" 하면 아이는 간지럼을 못 견뎌 '히히 히' 웃거나, 말을 할 줄 아는 아이라면 "가요, 가요."라고 할 수 있습니다. 일종의 항복이지요. 그때 엄마는 재빨리 "갈 거지~?" 하며 다음 행동을 옮깁니다. 이처럼 상황을 심각하게 만들지 않고 또 엄포도 놓지 않고 아이의 행동을 전환하는 방법은 일상을 재미있는 상황으로 바꾸어 보는 것이에요.

사실 아이도 자신이 떼를 쓰는 행동이나 요구하는 것이 그 상황에서 옳은지 또는 바람직하지 않은지 알아요. 만일 아이가 현재 하는 행동에 대해 부정적인 표현을 한다면, 먼저 아이의 현재 행동의 의미를 생각해 보세요. 그리고 아이의 행동 자체보다 그 의도를 이해하며 상황을 재미있게 전환해 보세요.

- 일상에서 부모가 어떤 행동이나 몸짓을 할 때 아이가 미소를 짓거나 웃음을 터뜨리는지 목록을 만들어 보세요. 아이가 부모를 힘들게 할 때 그것을 시도해 보세요. 예를 들면, '손을 뒤집어 베트맨' 표정을 보이면 웃는 아이라면 아이가 기분이 좋지 않을 때, '베트맨'을 해보는 겁니다.

- 아이와 함께 노래, 또는 '너 잡으러 간다'와 같은 게임을 하면서 평상시 일과를 놀이하는 상황으로 만들어 보세요.

- 일상 중에 재미있는 말투를 만들어 보세요. 아이가 하는 작은 것에도 과장되게 반응해 주세요.

- 누르면 'I LOVE YOU' 소리가 나는 곰 인형처럼 엄마를 건드리면 재미있는 반응이 나온다는 것을 알도록 해주세요.

아이의 상호작용 속도에 맞추기

• 왜 중요한가요?

아이와 상호작용할 때 반응할 시간을 줄 필요가 있어요. 아이들
은 아직 스스로 정서적인 통제를 하기가 어렵습니다. 게다가 물리
적으로도 느리고, 사고하고 처리하는 능력도 정교하지 못합니다. 이
러한 아이와 상호작용할 때, 부모가 아이의 행동에 대해 반응하는
속도는 어떠해야 할까요? 아이와 비슷하게 맞추는 것이 좋습니다.

대부분 아이의 행동보다 부모의 생각이 더 빠를 수밖에 없어요.
그렇기 때문에 부모의 생각대로만 행동하면 아이와 상호작용한다
고 할 수 없지요. 그래서 아이의 속도에 맞추기 위해서는 침묵하는
시간이 필요해요. 아이가 침묵하는 것은 아무것도 안 하는 것이 아
니라 반응을 준비하는 중이며 상호작용을 하려는 신호이니까요.

아이들은 태어난 직후, 꽤 이른 시기부터 주변 사람과 환경 변화
에 대해 비교적 일관되게 반응합니다. 이러한 반응 유형은 아이의
유전적 성향에 매우 큰 영향을 받기 때문에, 생후 초기의 아이들을

통제하기가 쉽지 않아요. 따라서 부모가 아이의 행동 유형을 잘 알면 반응 방식을 알 수 있고, 이를 통해 어떤 반응을 할지 미리 알 수 있습니다.

아이가 부모로부터 벗어나려 한다면 그냥 내버려 두세요. "이리와"라고 엄마가 있는 곳을 부르기보다 조용히 아이가 관심을 두는 것에 따라가 주세요. 그리고 아이가 선택한 활동에 계속해서 주의를 기울여 보세요. 아이는 곧 부모와 상호작용하려고 할 것입니다.

- 아이와 상호작용할 때 침묵의 시간을 기다려 주세요. 아이가 침묵하는 동안 부모가 설명하거나 재촉하지 않도록 하세요.(말은 없지만 아이는 끊임없이 생각하고 있어요.)

- 아이는 일정 시간은 함께 활동하다가 일정 시간은 혼자 보내기도 합니다. 아이가 언제 함께 활동하기를 좋아하고 언제 혼자 하려 하나요? 상황에 따른 아이의 행동 특성을 확인하세요.

- 만일 아이가 혼자 있는 것을 더 좋아하고 부모가 다가가 상호작용하는 것을 피하려 한다면, 아이가 활동하는 사이사이에 일부러 끼어들어 보세요. 이렇게 처음에는 의도적으로 '주고받는' 1:1 상호작용 관계를 부모가 만들어 줄 수 있습니다. 이러면서 아이는 상호성을 배울 수 있습니다.

사례

"요이~땅!"

제가 어렸을 때 일입니다. 우리 집은 조금 경사로 된 길 위에 있었습니다. 초등학교 3학년 정도였는데, 그날따라 힘겨워하며 걸어가고 있었습니다.

그때 제 손을 잡고 걷고 있던 엄마가 갑자기 "우리 요이땅 하면 누가 먼저 가나 해볼까?" 하더니 "자, 요이 땅" 하며 달려가는 것이었어요.

저는 그런 엄마 모습이 우습기도 하지만 재미있었어요. 그래서 힘든 줄도 모르고 엄마 뒤를 쫓았지요. 그런데 집에 이르니 엄마가 "다 왔다. 쉽게 올 수 있었지!" 하며 웃어 주었습니다.

어떤 부추김의 말보다도 이렇게 일상을 게임으로 전환하니 경사 길을 오르는 어려운 과제를 잊고 즐길 수 있었지요. 그리고 그런 가운데 목표에 도달한 것이고요.

관계 형성의 근본,
신뢰를 쌓는 반응육아법

진정으로 우리를 믿어 주는 우리 보스예요

　조금 큰 아이들 이야기를 해볼까 합니다. 제가 대학생 시절 교생 실습을 나갔을 때 일입니다. 며칠 뒤 합창대회가 있을 예정이었고 담임선생님은 저에게 연습 감독을 맡겼어요. 중학교 1학년 남자아이들은 참 말도 안 듣고 천방지축이었습니다. 하루는 반장이 자루가 긴 빗자루를 가져다주더니 이것으로 교탁을 치며 엄포를 놓으면 말을 좀 들을 것이라고 조언했습니다. 사실 그 반엔 이미 성한 빗자루가 없었어요. 저는 반장이 가르쳐 준 대로 그 빗자루로 교탁을 '땅' 하고 쳤습니다. 그리고 "너희들 좀 조용히 하고, 연습하자, 지금 해야 할 것이 무엇인지는 알아야 하지 않니? 이렇게 제대로 안하고 시간만 보내면 집에 가는 것도 늦어지고 비효율적이잖니?"라고 아주 합리적인 조언을 했지요. 아이들은 잠시 조용하더니 이내 천방지축이었어요. 그런데 지나가던 국어 선생님이 갑자기 이런 광경을 보고 들어오시더니, "너희들, 정말 실망스럽다. 내가 믿는 아이들이 이것밖에는 안 되니? 선생님과 잘할 거라 생각했는데!"라고 근엄하게 한마디하셨습니다.

몽둥이 앞에서도 당당하던 아이들이 그 선생님의 한마디에 숙연해지더니 선생님이 지나가고 나서도 점잖음을 유지하였습니다. 이후 알고 보니, 그 선생님은 다른 선생님들과는 달리 복도에서도 아이들과 하이파이브로 인사를 나누며 친구처럼, 멘토처럼 아이들의 존경을 받는 분이셨어요. 아이들은 '우리 보스예요, 진정으로 우리를 믿어 주세요.'라고 표현했어요.

아이는 자신과 관계가 좋은 사람의 말은 잘 듣습니다. 어른들이 자신이 좋아하는 사람, 존경하는 선생님, 심지어 호감이 있는 연예인의 말과 행동은 그대로 믿고 따라 하는 것처럼요. 아이 또한 부모가 요구한 것을 행동으로 옮기려면 신뢰관계가 구축되어야 해요. 아이와 함께 공부를 하는 상황에서도 신뢰관계가 형성되어 있다면 훨씬 효과적입니다. 이때 아이는 부모의 도움을 거부하지 않고 그 자리를 벗어나려고 애쓰지도 않으니까 잘 집중할 수 있습니다.

아이의 현재 학습 능력을 높은 수준으로 끌어올리기 위해서는 무엇보다 아이가 관심을 보이는 과제를 줘야 합니다. 그래야 스스로 참여하는 자발적인 동기 부여가 되지요. 자발적인 동기 부여가 되면 다른 누군가와 함께 상호작용하면서 더 발달해 갈 수 있어요.

일상에서 아이와 놀이하면서 약 5분간 관찰해 보세요. 그리고 아이와 얼마나 상호작용을 잘하고 있는지 체크해 보세요.

"우리 아이는 나를 신뢰하고 있나요?"

☐ 우리 아이는 나의 무릎 위에 편안히 앉는다.

☐ 우리 아이는 나와 함께 있을 때 자주 미소 짓고 눈을 맞추고 신체적 접촉을 하며 편안해한다.

☐ 우리 아이는 내가 제안하는 것에 즉각적으로 "네!" 하고 응답한다.

☐ 우리 아이는 흥미롭거나 호기심을 일으키는 사물이나 정보를 내게 보여 주는 것을 즐거워한다.

☐ 나는 아이가 할 수 없는 것보다는 할 수 있는 것에 대해 자주 표현한다.

☐ 나는 우리 아이가 무엇을 원하는지 쉽게 이해할 수 있다.

아이가 무서워하는 것에 공감하기

• 왜 중요한가요?

아이는 정서적으로 반응하는 방법을 부모나 양육자에게서 배웁니다. 2개월 정도 된 아기들은 흥미·만족·고통 등 세 가지 정서를 나타내고, 7개월 된 아기는 즐거움·분노·혐오감·놀람·흥미·슬픔 등 일곱 가지 정도의 정서를 나타냅니다. 4~6세 아이들은 제시된 그림을 보며 정서 상태를 정확하게 말할 수 있으며, 상황에 따라 어떤 정서를 나타내는지도 압니다. 6세 이후의 아이들은 더욱 복잡한 정서를 이해하는 능력이 발달합니다.

생애 초기에 아이들은 무서워 보이는 어른이나 장소, 빛, 소리 등에 대해 두려움을 나타냅니다. 예를 들면 움직이지 못하는 마네킹을 보고 무서워하지요. 이는 세상의 사건이나 사물에 대한 이해가 아직은 제한적이기 때문이지요. 이럴 때 부모가 "괜찮아, 이거 안 움직여, 봐봐."라며 마네킹을 바짝 들이댄다면 아이는 더욱더 두려움을 느낄 것입니다. 이처럼 어른의 입장에서 판단하고 두려움을 느낄 필요가 없다고 말하는 것은 아이의 수준을 고려하지 않는 행동입니다.

이때 부모가 아이 입장에서 생각하고 "무서워?" 하며 아이의 감정을 이해한다는 표현을 해주어야 해요. 그러면 아이는 자신의 정서를 알아주는 부모를 의지하여 좀 더 쉽게 안정을 찾을 수 있어요. 아이는 부모와 상호작용하는 과정에서 정서적으로 반응하고, 감정을 조절하는 방법을 배워 가는 것이에요.

아이가 부모와 상호작용 속에서 정서를 배우는 첫 번째 방법은 부모가 어떻게 반응하는지를 보고 자신의 정서적 반응을 나타내는 거예요. 아이가 정서적인 지침을 얻기 위해 부모를 쳐다보고, 부모가 어떤 상황에서 어떻게 반응하는지를 보며 자신의 정서적 반응을 이끄는 정보를 얻습니다. 이를 발달심리학에서는 사회적 참조 social referencing라고 합니다. 예를 들어 부모가 아이가 하는 놀이나 함께하는 사람에게 관심을 보이며 긍정 반응을 보인다면 아이는 그 장난감이나 사람에게 관심을 갖고 다가가게 됩니다. 반대로 부모가 부정으로 반응한다면, 아이 또한 부정적인 감정이 생겨 그 상황을 피하거나 멀리 하게 됩니다. 어린아이는 부모의 정서를 얼굴 표정이나 발성, 애정이 담긴 신체 접촉으로도 알아차립니다.

아이가 정서를 배우는 두 번째 방법은 자신이 표현한 정서에 부모가 적절한 반응을 해주느냐 하는 것입니다. 예를 들면, 아이가 지금 불안하고 짜증이 나는데 부모는 TV를 보거나 친구와 즐거운 이야기를 하며 아이에게는 적합하게 반응하지 않고 감정을 무시한다면 어떨까요? 아이의 정서 표현은 정상적으로 발달하지 못할 것입니다. 게다가 불편하고 짜증이 난 아이를 부모가 자기 기분에 따라 어떤 때는 잘 돌봐주다가 어떤 때는 무시하며 일관성 없이 반응한다면, 아이는 불안한 정서를 가지게 되어 그저 자신을 편안하게 만드는 데만 뇌기능을 발전시키고, 자신의 정서적 반응을 통제하고 조절하는 능력을 발달시키기 어렵습니다.

- 아이가 두려워하는 대상이 하찮더라도 "괜찮아" 하며 아이를 이
  해시키려 하지 마세요.
- 오히려 아이가 두려워하는 반응을 그대로 받아들여 주세요. 예를
  들면 아이가 강아지가 다가오는 것을 보고 "으앙." 하며 두려워
  한다면, "괜찮아, 귀엽잖아, 자 만져봐." 하며 무섭지 않다고 설명
  하기보다 "무서워~?", "엄마 뒤에 와!"라며 공감해 주세요.

●●● 아이의 잠재력을 이끄는 반응육아법

아이가 보내는 신호에 민감하게 반응하기

· 왜 중요한가요?

17개월 된 동민이의 엄마는 아이가 잠투정이 심하고 짜증이 많다며 상담을 의뢰했어요. 발달 검사와 함께 동민이의 상호작용을 관찰해 봤습니다. 동민이는 발달 검사에서 문제가 없었으나 기질적으로 매우 민감한 성향이었습니다. 언어 수준은 "아, 아." 정도 소리로 요구를 표현하는 수준이었어요. 엄마는 동민이가 북을 두드리면 같이 두드리고, 멈추면 "북 두드리며 노는 것 아니었어?"라고 물었지요. 또한 아이가 다른 곳으로 가면 "이리 와, 이것 해야지." 하며 아이의 관심이 바뀐 것을 이해하지 못했습니다.

엄마는 아이와 놀이하는 동안 아이가 노는 대로 함께 놀이를 했는데 무엇이 문제였을까요? 정작 아이가 이 놀이를 왜 좋아하는지 어떻게 하는지 관찰하기보다는 그저 옆에 있으니 따라 하는 식이었던 거예요. 그러니 아이는 엄마에게 아무것도 요구하지 않았고, 옆에는 있으나 혼자서 노는 것과 마찬가지였습니다.

이번에는 동민이가 옆에 관찰하고 있던 선생님께 다가와 뽕망치를 보며 "으, 으." 하고 시늉을 했습니다. 선생님이 아이 같은 손짓을 하면서 "으, 으." 하니 아이는 또 뽕망치를 짚으며 "으, 으." 하며 선생님과 또렷이 눈을 맞추었습니다. 아이는 공동주의joint attention를 참 잘하는 아이였고, 상호작용을 하며 상대를 놀이에 끌어들이기도 잘하는 아이였습니다. 선생님은 '뽕망치 치기' 행동 목표만이 아닌 동민이의 소리, 시늉 등을 민감하게 관찰하고 반응해 주었어요. 하지만 부모는 행위에 촛점을 두어 다른 것을 연방 짚어대거나, 아이의 의도와는 다른 말을 할 뿐이었지요. 동민이는 매우 예민하고 충동성이 있는 성향이라 부모의 이러한 태도에 짜증이 났을지도 모릅니다.

아이가 하는 신호나 울음, 어떠한 몸짓에도 아이 방식대로 즉각적으로 반응해 줄 때 비로소 소통할 수 있습니다. 때로 아이의 울음이나 신호가 무엇을 알리려고 하는지 명확하지 않다면 굳이 아이의 표현을 잘 해석해야 한다고 생각하지 마세요. 부모가 설사 아이와 오랜 시간 동안 일대일로 상호작용을 하더라도 부모가 아이의 욕구에 반응하지 않거나, 단지 훈련시키거나 발달 행동을 가르치려 한다면 신뢰관계를 형성하기 어렵습니다. 특히 어린아이들은 자신의 요구를 알리기 위해 울음 또는 "으, 으.", "아아!" 등의 간단한 1음절 소리를 냅니다. 이와 같은 비언어적 신호나 울음에 곧바로 반응해 줄 때 아이는 다른 사람과 소통하는 법을 배우고, 의사소통 방법으로써 이러한 행동을 더 많이 하게 됩니다.

아동심리학자인 에인스월스와 벨의 연구에 따르면, 생후 1년 사이 부모가 아이의 울음을 마치 의미 있는 것처럼 반응해 주었더니 생후 2년이 지나 의사소통 기술이 높은 수준으로 나타났습니다.

많은 연구들이 어린 시기부터 아이에게 민감하게 반응해 주는 부모의 아이들이, 지시적이고 제안하는 부모의 아이보다 이후 학령기에 측정한 지능 능력에 긍정적 영향이 있음을 증명하고 있어요.

- 어린아이들은 울음으로 의사를 표현합니다. 이것을 문제행동이라 해석하지 말고 언어로 이해해 주세요.
- 아이의 울음과 다른 제스처, 눈빛과 같은 비언어적 신호를 무시하지 않고 그대로 반응해 주세요.
- 아이 말로 반응해 주세요. 부모 말로 반응하면 아이는 부모의 반응 자체를 이해하지 못할 뿐이니까요.

(배고파)　　　(심심해)　　　(졸려)

까닭 없이 울 때 따뜻하게 반응하기

• 왜 중요한가요?

낯선 사람에 대한 두려움과 분리불안은 어린아이로서는 당연한 것입니다. 어른의 입장에서 보면 보육교사나 베이비시터는 안전한 사람이지만, 어린아이들에게는 늘 보는 엄마 외에는 모두 낯선 사람일 뿐이니까요. 낯선 사람에 대해 느끼는 두려움이나 부모와 떨어지는 분리불안은 아이에게 엄청난 두려움이므로, 부모를 속이려는 행동으로 간주해서는 안 됩니다.

어떤 상황에서는 아이가 아무 까닭도 없이 울 때가 있습니다. 이때 엄마는 아이가 자신의 주의를 끌려고 운다고 생각하여 울음을 무시하거나 혼내는 경우가 많습니다. 까닭 없이 우는 것은 나쁜 행동임을 알려 주기 위해서겠죠. 심지어 일부 전문가들은 이러한 부모의 행동이 옳다고 말하기도 합니다. 그러나 아이가 울거나 찡찡거리며 엄마의 관심을 끌려는 행동을 하면 곧바로 따뜻하게 안아 주거나 부드러운 목소리로 반응을 해주세요. 그렇게 하면 엄마는 아이 입장에서 감정을 이해해 주는 것이고, 아이는 자신의 어려움을 알아주는 엄마에게 사랑받고 있다는 느낌에 편안해합니다.

부모의 관심을 끌려고 하는 아이의 행동에 따뜻하게 반응해 준다고 해서 버릇없는 아이가 되진 않을까 걱정하지 마세요. 아이는 이미 엄마가 좋아할 행동과 싫어하는 행동을 알고 있습니다. 때로는 부모의 반응에 따라 행동 표현이 달라지는 것이에요. 자신의 행동을 부모가 이해해 주는 반응을 보이면 바로 그것이 좋은 모델링입니다. 그리고 더욱 부모의 사랑과 애정을 확신하고, 자신의 감정과 불안에 효과적으로 대처하는 방법을 배우게 됩니다.

비록 엄마 입장에서는 힘겨운 상황이더라도 아이 입장에서 보면 울거나 찡찡거리는 것은 현재 편안하지 못하고 힘들다는 표현입니다. "왜 그러니? 뚝해. 왜 울어?", "괜찮아. 이제 됐어."라고 말할 때 사실 아이는 괜찮지 않지요. "무엇 때문인지는 모르지만 너는 지금 힘들지?"라고 아이를 이해할 때 아이도 점차 엄마의 입장을 이해하는 방법을 배우게 됩니다. 갓난아기 때 엄마와의 신뢰관계 형성은 아이의 이후 발달에 매우 중요하게 작용합니다. 이러한 신뢰는 엄마가 아이를 이해하고 있다는 확신을 주므로 아이는 안정감을 키우게 돼요.

아이에게 가장 큰 강화는 부모의 사랑에 대한 확인입니다. 아이는 부모의 관심을 통해 감정이입, 자기조절, 자신감 등 사회정서적 능력이 발달됩니다.

●●● 아이의 잠재력을 이끄는 반응육아법

- 아이가 울며 보챌 때 아이를 채근하기보다 "응, 힘들어." 하며 달래 주세요.
- 만 2세 미만의 아이들은 아직 감정 조절을 잘 하지 못합니다. 특히 생후 1년 이내 아이들이 부모의 관심을 끌려고 하는 표현에 반응해 주는 애정의 정도에 따라 조절 능력이 달라집니다.
- 아이가 관심을 끌려고 하는 요구를 무시하지 마세요. 누구보다 부모의 관심을 받고 싶어 하는 것은 지극히 정상이니까요.

아이의 행동에 긍정으로 메시지 주기

• 왜 중요한가요?

아이는 자신의 행동을 보고 부모가 기뻐하거나 즐거움을 표현할 때 자신에 대해 긍정적인 감정을 갖게 됩니다. 칭찬과 수용의 차이를 아시나요?

어느 날, 만 5세 된 아이가 유치원에서 어버이날을 맞아 엄마, 아빠 그림을 그리고 위에는 서툰 솜씨로 '엄마, 아빠'라고 글자도 써왔습니다. 이를 보고 엄마가 "와! 잘 썼네, 엄마, 아빠 똑바로 썼네."라고 칭찬해 주었습니다. 이러한 엄마의 태도가 '수용적입니까?'라는 질문에 '예, 아니오'로만 답해야 한다면 어떻게 대답하시겠습니까?

칭찬Verbal praise은 부모가 원하는 것을 아이가 성취했을 때 어른이 사용하는 애정의 말과 표현이라 할 수 있습니다. 따라서 경우에 따라서는 칭찬을 받기 위해 부모가 원하는 행동을 아이가 자주 할 수도 있어요. 반면에 수용Accepting은 아이가 무엇을 하든 가치 있게 여기는 것으로, 아이가 얼마나 대단한지를 알게 해주기 위한 애정 어린 말과 표현입니다. 이렇듯 칭찬은 어른의 기대에 미쳤을 때 일어나지만, 수용은 오직 아이 자체를 받아들이는 데 있습니다.

아이는 일상에서 부모와 상호작용을 적절하게 했을 때 자신감이 커집니다. 어린아이라서 서툴더라도 생애 처음 한 시도에서 이루어 낸 성취에 대해 '너는 특별하고 가치가 있단다.'라는 메시지를 전달해 보세요. 아이의 성취 수준이 어느 정도인지 상관없이 마치 큰일을 한 것처럼 반응해 주고, 아이가 하는 모든 것을 즐겁게 받아들인다는 메시지를 말이에요. 일상에서 자주 이러한 메시지들을 전달하면, 아이는 점차 그러한 말을 내면화하게 됩니다. 그러면 자기 자신을 부모의 반응대로 가치 있게 여기게 되지요. 부모가 아이의 이름을 지을 때 이렇게 자랐으면 하는 바람을 담는 것처럼 아이의 행동에 대해 가치롭게 반응하면 아이는 스스로 가치를 높여 갑니다.

우리 아이의 특성이 무엇인지 보는 것이 중요합니다. '평균에 비해, 또래에 비해'라는 판단보다는 '우리 아이는 이것은 어떻고, 저것은 어떻고' 식으로 기술해 보세요. 우리 아이가 가진 것을 우리 아이만의 특성으로 받아들이세요.

- 아이가 하는 행동에서 부모가 혼내는 행동 목록을 적고 어떤 기준으로 잘못된 행동인지 이야기해 보세요.

- 아이 발달 수준에 맞는 기준인지, 혼낼 만큼 위험하고, 규칙에서 어긋나는지 생각해 보세요. 그렇지 않다면 혼내는 목록에서 삭제하세요.

- 아이가 하는 행동 중 칭찬할 행동 목록을 적어 보세요.

- 아이가 현재 하는 행동에 긍정의 말로 표현하세요. "잘했어!", "100점인데?"와 같은 칭찬의 말이 아니어도 됩니다. 블록을 끼우면 "블록 끼웠어."와 같이 현재 한 행동을 그대로 반영해 주는 것도 격려하는 긍정의 말입니다.

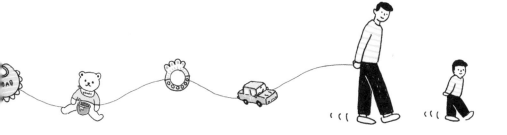

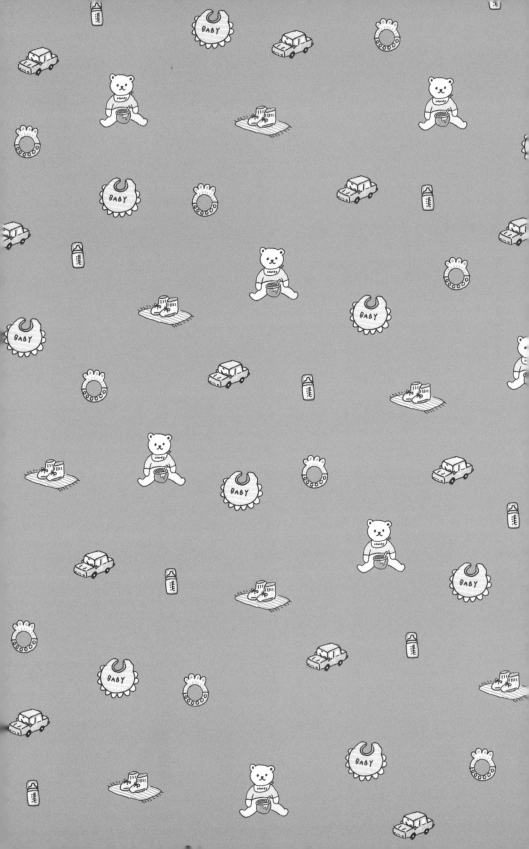

4장

우리 아이, 이럴 땐
어떻게 할까요?

– Q&A

항상 엄마만 찾고, 잘 놀다가도 엄마만 보이면 울어요

(9개월, 사회정서 발달)

Q. 궁금해요

9개월인 남자 아기입니다. 현재 시부모님과 함께 살고 있어요. 저는 전업주부이고 시어머니도 거의 집에 계시고 아이와도 자주 놀아 줍니다. 그런데 아이가 엄마만 찾아요. 잠깐 할머니, 할아버지 랑 잘 놀다가도 엄마가 지나가면 울면서 쫓아와요.

아이가 태어나면서부터 거의 떨어진 적이 없이 돌봐 왔는데 왜 이렇게 불안해할까요? 심지어 이유식을 먹다가도 엄마를 확인하 고 안아 달라고 하고, 요즘은 더 안아 달라고 떼를 많이 씁니다.

A. 이렇게 해보세요

아이의 발달에는 '민감 시기(sensitive period)'가 있습니다. 민감 시기의 아이들은 다른 시기보다 민감하게 반응합니다. 아이는 발 달상 지금 '낯가림'의 민감 시기에 있는 것으로 보입니다. 대략 발 달적으로 약 9~12개월 사이를 낯가림 시기라고 하는데, 이 시기에 는 자신의 주양육자와 어느 때보다 밀착된 애착을 형성합니다. 다 르게 표현하자면 부모와 애착을 형성하는 데 어느 시기보다 긴밀

합니다.

이 시기 아이들은 엄마 곁에 껌딱지처럼 붙어 있으니, 심지어는 화장실도 못 가겠다고 힘들어하는 경우도 있습니다. 아이가 커가면서 발달상 겪게 되는 중요한 과정이니, 이러한 일시적인(?) 발달 행동에 잘 반응해 주면 신뢰 관계가 형성되어 안정된 아이로 성장할 수 있습니다.

아이가 엄마를 쳐다보며 집안에서조차 움직이지 못하게 하더라도, "도대체 왜 그러니, 엄마 여기 있잖아, 엄마가 어디 가니?"라며 아이의 당연한 발달행동을 거부하기보다, '그래, 엄~마~!'라고 반응해 주세요. 여기에는 두 가지 의도가 있어요. 하나는 '엄~마~!' 하며 아이에게 당장 다가갈 수 없는 시간을 연장해 줘요. 또 하나는 아이가 말하는 '엄마'에 내포된 의미 즉, '엄마를 찾는구나, 넌 지금 엄마만 찾는 낯가림 시기구나.' 하고 인정해 주는 것이에요. 그러면 아이는 '엄마는 내가 원할 때는 항상 내 옆에 있지, 엄마는 날 인정해 줘.'라는 신뢰를 가지고 안정되게 엄마를 쳐다보고 기다릴 수 있습니다.

아이가 발달 성장하는 동안 많은 변화가 있습니다. 지금 조금 양육이 힘들더라도 '낯가림'의 특별한 시기에 있음을 받아 주고 아이의 행동이 나타내는 발달적 의미를 인정해 주세요. 그러면 아이는 부모와 신뢰로운 관계를 형성하고 심리적, 발달적으로 건강하게 성장합니다.

••• 아이의 잠재력을 이끄는 반응육아법

요즘 갑자기 다른 아이를 물고 때려요 <small>(12개월, 행동문제)</small>

Q. 궁금해요

이제 막 돌이 지난 남자아이입니다. 그런데 자기가 하고 싶은 것을 못하게 하면 사람을 물고 얼굴을 때려요. 야단을 쳤더니 심지어 얼마 전부터는 엎드려 앉아서 바닥에 자기 이마를 박는 행동을 했어요. 몇 번이고 하더니 결국 아파서 웁니다. 하지 말라고 해도 듣지를 않아요. 아직 어려서 내버려 두자니 계속 때리는 행동을 멈추지 않으면 어떡하나 걱정이 돼요. 일찍부터 버릇을 고쳐 주어야 하는지 아니면 시간이 지나면 좋아질까요?

A. 이렇게 해보세요

먼저, 아이의 행동에는 다 이유가 있습니다. 특히 어른들이 생각할 때 문제이고 걱정이 되는 아이의 행동에 대해서는 왜 그러한 행동을 하는지, 어떤 때 주로 하는지, 이후 아이에게 어떤 반응을 했는지를 관찰하면서 바람직한 방법을 찾아볼 수 있습니다.

어린아이들도 우연히 자신이 한 행동과 뒤따라오는 피드백 간의 인과관계를 이해하는 능력이 있습니다. 많은 경우 엄마로부터 관심을 받고 자기를 인식해 주기를 바라는 이유로 이러한 행동을 시도하기도 합니다. 아이의 행동에 부모가 비일관적으로 반응할 수 있습니다. 이렇게 할 때도 있고 저렇게 할 때도 있습니다. 그중 다른 어떤 행동보다 이러한 행동이 부모를 자기 옆으로 끌어들이고 관심받는데 효과적이더라는 경험이 있었을 겁니다. 부모도 때론 체계적이어야 합니다. 계획을 가지고 아이의 행동에 일관된 태도를 보이는 것도 필요합니다.

두 번째, 아이를 이해하기 위해서는 현재 아이의 발달적 성숙 수준을 이해하는 것이 필요합니다. 막 돌이 된 아이라면, 언어발달상 아직 상대와 언어로 소통하고 상대의 언어를 이해하지도 못하고 상황에 대한 맥락적 이해도 부족합니다. 단지 억양이나 분위기로 유추합니다.

아이에게 하지 말라고 설명하는 것은 무의미할 수 있습니다. 아이는 엄마의 말을 완전히 이해하지 못합니다. 아직 논리적 사고도 없어서 그렇게 하는 것이 왜 바람직하지 않은지, 부모가 설명하는 것을 이해할 수 없습니다. 발달 과업으로 보면 돌 수준의 아이들은 부모와의 신뢰관계가 더 중요합니다. 엄마가 야단을 치는 말에 그저 '화난 엄마'를 느끼고 자기를 거부하는 감정을 교류하니까요. 어머니가 설명하는 억양을 아이는 자칫 자기에 대한 부정적 감정으로 받아들일지도 모릅니다. 아직 논리적 설명과 완전한 언어 이해가 어려운 나이이니 사전에 위험하거나 제지할 것이 없도록 환경을 조성해 주는 것이 우선입니다. 아이의 안전을 염려하여 반드시 제지해야 할 상황이라면 간단한 언어로 "안 돼"로 소통하면 좋겠습니다.

돌 전후 시기는 부모와의 관계에서 '난 널 사랑하고 있다.'는 믿음을 갖도록 신뢰관계 형성이 우선입니다. 아이에게 일상에서 자주 스킨십(예: 뽀뽀, 안아 주기, 미소 짓기)을 하며 애정 표현을 해주세요.

아이가 장난감을 가지고 놀지 않아요 (14개월, 사회정서 발달)

Q. 궁금해요

14개월 된 아이예요. 매우 활동성이 강하고 힘쓰는 것을 좋아해요. 예를 들어 무거운 것 들기, 미닫이문 밀기, 선반 밀기 같은 것에만 관심이 있고 장난감에는 전혀 관심이 없어요. 장난감을 사 줘도 안 가지고 놀아서 어느 순간부터 사주지 않고 있는데요. 이래도 되는지요. 혹 아기 발달에 지장을 주지나 않을까 걱정이 돼요.

A. 이렇게 해보세요

아이들이 장난감을 가지고 노는 것이 가장 바람직한 방법은 아닙니다. 많은 연구들에서 영유아기는 이후 지능, 언어, 인지 등의 발달에 매우 중요한 역량을 키우는 시기로 강조되고 있고 특히 부모와의 상호작용이 중요한 영향임을 밝히고 있습니다.

일상의 사물도 다 장난감이 될 수 있습니다. 더욱이 어떤 사물이든지 엄마와 주고받으며 원활한 상호작용을 한다면 최상의 장난감이 됩니다. 사실 가장 좋은 방법은 부모가 아이의 장난감이 되어 주는 것이지요. 아이가 선택한 것에 엄마가 다가가 함께 놀아 주며 아이 방식을 인정하고 그대로 반응해 주세요. 바람직한 반응이 주어진다면 발달에 더욱 도움이 될 것입니다. 결국 장난감도 일상에서 아이의 관심과 행동을 잘 관찰해서 만들어진 아이디어 상품이라 할 수 있으니까요.

　너무 걱정 마시고 아이가 선택한 것을 존중하고 함께 놀며 반응해 주세요. 장난감이 무엇인지보다는 어떻게 놀아 주고 반응해 주었는가가 더 중요합니다.

아기처럼 말하는 것을 고쳐 주어야 하나요? (18개월, 인지언어 발달)

Q. 궁금해요

18개월 된 남자아이인데 애기 말을 해요. 이것을 고쳐 주어야 하나요? 어떤 사람은 그냥 두라고 하고 어떤 사람은 어려서부터 고쳐야 한다고 하니 혼란스러워요. 어떻게 해야 할까요?

O. 상호작용 관찰

18개월 된 승호는 요새 한창 말을 배우기 시작해서 단어를 소리 내어 말하는 재미에 푹 빠져 있습니다. 그런데 승호는 '우유'를 "우우, 우우"라고 발음합니다. 승호 엄마는 발음을 정확하게 교정해 주면 아이의 언어 발달에 도움이 될 것이라고 생각해서 "아니, 우-유-, 우유 해봐."라고 말합니다. 승호는 엄마 입을 보며 다시 "우-우" 하지요. 승호 엄마는 "우우 말고, 다시 해보자, 엄마 따라 해 봐, 우-, 유-"라고 말해요. 이러한 엄마의 성급함에 승호는 입을 다물어 버립니다.

●●● 아이의 잠재력을 이끄는 반응육아법

A. 이렇게 해보세요

아이가 우유를 '우우'로 발음하는 것도 연습입니다. 이러한 연습 기간이 지나면 '우유'로 발음하는 시기가 오지요. 이처럼 부모의 욕심이 아이의 말하는 재미를 빼앗을 수도 있습니다.

승호의 경우처럼 정확한 발음을 가르치기 위해 반복하여 '우-유-'를 따라 하도록 시킨다면 얼마나 많이 말할 수 있을까요? 아마도 승호가 일상에서 '우-유-'라고 발음하는 횟수는 엄마가 애써서 시연하는 정도의 수를 넘지 못할 것입니다. 하지만 아이가 스스로 '우우'라는 발성을 할 때마다 부모가 알아들었다는 듯이 웃으며 '우-우'라고 그대로 따라 말해 주면 어떨까요? 곧 아이는 우유를 먹고 싶을 때 아무렇지 않게 '우유'라고 쉽게 말할 수 있게 됩니다. 이렇게 일상에서 구강근육을 움직이는 연습을 많이 하면 자연스레 정확한 발음으로 말할 수 있게 되죠.

아이가 요즘 갑자기 친구들을 때리고 공격해요

(19개월, 행동문제)

Q. 궁금해요

19개월 된 남자아이예요. 요즘 갑자기 친구들을 깨무는 버릇이 생겼어요. 사실 친구들과 놀 때 주로 당하는 아이였는데 어느 순간부터 오히려 다른 아이들이 하던 못된 짓(?)을 우리 아이가 해요.

친구들과 놀 때 자기 근처에 있는 장난감을 다른 아이가 만지면 깨물려 하고요. 심지어는 자신을 해치는 행동을 하지 않는데도 옆에 또래 아기가 있으면 그냥 입을 벌려 깨물려고 해요. 가끔 저도 깨물어요. 아직 아이가 어린데 깨물지 못하게 훈육을 해야 하나, 아니면 같이 으앙 우는 표시를 하면서 아프다며 호소해야 하는지 헷갈립니다.

세 살 전에는 훈육해도 아기가 내용을 이해하기보다 '엄마가 나를 미워해.'라고 생각한대서 조심스럽네요. 빈도가 잦다 보니 순간적으로라도 '안 된다'는 말을 많이 하니 그것도 훈육인지 걱정스럽습니다.

A. 이렇게 해보세요

아이의 행동에는 다 의미가 있다고 했습니다. 더욱이 19개월 정도의 어린 아동이라면 아직 의사 표현이 능숙하지 않다 보니 상대가 반응해 주는 행동으로 표현하기도 하지요. 무는 행동이 언제 주로 일어나는지 살펴보세요. '다른 사람을 문다. 이것은 공격적 행동이다, 해치는 행동이다.'라고 일방적으로 해석하기보다 언제 그러한 행동을 하는지 관찰해서 아이가 무슨 생각을 전달하고자 하는지 아는 것이 필요합니다.

19개월 정도라면, 상황에 대해 이성적 판단보다는 감정적 판단이 더 쉬워서 올바른 규칙, 정보를 주는 것보다는 어머니와의 관계형성에 보다 초점을 두어 양육해야 아이의 건강한 발달에 도움이됩니다. 예를 들어, 어떤 것을 못하게 할 때 아이가 엄마를 무는 행위를 한다면 엄마의 제지가 19개월 아이가 조절할 수 있는 내용이었는지 먼저 판단해 보세요. 만일 19개월 수준에서는 하기 어려운요구(예: 컵에 물을 흘리지 말고 따르기, 밥을 흘리지 말고 먹기 등)였다면그런 요구와 그 이후 벌어지는 행동에 대해 야단을 치는 것은 당분간 좀 참는 것이 좋겠지요.

어차피 잘 수행하지 못할 요구를 하고 잘하지 못했다며 혼을 낸다면 아이는 매우 창피해할 거예요. 그래서 때로는 사람을 무는 행위나 다른 행동으로 상황을 모면하고 싶을 수도 있어요. 엄마가 먼저 아이를 이해하고 받아들여 줄 때 서로 신뢰관계가 쌓이게 되고,

아이도 엄마의 마음을 이해하고 엄마가 좋아하는 행동을 하게 됩니다. 아이들은 이미 어떤 행동을 엄마가 좋아하고 싫어하는지 알고 있습니다. 단지 좋아하는 행동을 할 것인지를 스스로 판단한 겁니다.

양육은 일종의 '사회교환이론'입니다. 부모가 먼저 아이를 이해하고 받아 주는 것이 사회교환 거래의 시작입니다. 그저 훈육하지 말고 참는다는 의미가 아니고, 아이가 왜 그 상황에서 그렇게 했는가를 이해하는 것이 먼저입니다. 가르치기에 앞서 먼저 반응해 주는 것이 정작 아이를 잘 가르치는 방법입니다.

우리 아이는 무엇이든 내가 해줘야만 해요

(만 2세, 행동 문제)

Q. 궁금해요

만 2세 된 남자아이예요. 많이 마르고 체구가 작아서 또래 아이보다 작고 특별히 병이 있는 것도 아닌데 힘이 없어서 엄마 무릎에만 앉아 있어요.

상국이는 호기심이 별로 없어요. 혼자서 뭔가를 먼저 하는 경우는 한 번도 없었답니다. 제가 무엇이든 해주지 않으면 아무것도 하지 않을 아이랍니다. 내가 해주는 것이 좋은 것 아닌가요?

O. 상호작용 관찰

상국이는 놀이방에 들어간 지 얼마 지나지 않아 바닥에 누워 '뒹굴기 놀이'를 했습니다. 장난감에 관심을 보이는가 싶더니 통에서 막대 같은 장난감을 하나 꺼내 입에 대고 '탁탁' 치거나 만지작거리며 놀았어요. 그것을 가지고 무엇을 만들거나 조작하지 않고 그저 만지작거리기만 했지요.

잠시 후 엄마는 아이를 일으켜 세워 무릎에 앉히고 "뭐 할까? 이거? 이거 할까?"라고 말을 건넸어요. 이어서 엄마는 장난감 자동차를 집어 들고 "붕붕, 자, 자동차 봐봐."라며 놀이를 시도했어요. 상국이가 "시마츠~."라고 정확하지 않은 발음으로 말문을 떼자, 곧바로 엄마는 "으~응~, 그래 우리 어제 이마트 갔~지~, 상국이 엄마랑 이마트 가는 거 좋아하지~, 거기서 엄마가 자동차도 사줬지~."라고 장황하게 말을 이었어요. 이러한 엄마의 설명에 상국이는 다음 말을 잇지 않았지요.

A. 이렇게 해보세요

상국이가 하는 방식대로 행동하고 말해 주며 놀아 보세요. 상국이가 막대기를 입에 가져다 대면 엄마도 막대기를 입에 갖다 대며 그대로 따라 했어요. 이번에는 상국이가 수수깡을 발견하여 "시시깡." 하며 들어 보였습니다. 엄마가 "시시깡~." 하고 말을 따라 하니 상국이는 이상하다는 듯이 쳐다보며 "시-시-깡-." 하며 한 번 더 세게 발음했어요. 마치 "아니, 수-수-깡-."이라고 강조하는 것 같았습니다. 상국이는 분명 '시시깡'이라고 발음했으나, 정작 말하고 싶은 것은 '수수깡'이었던 것입니다. 상국이는 엄마의 발음이 잘못되었음을 인식하고 있는 것이죠.

가장 바람직한 상호작용은 하나 주면 하나를 받기, 즉 하나를 받기 위해서는 하나를 내주는 기브앤테이크give and take 방식입니다. 그런데 대개 부모들은 아이의 능력에 비해 너무 많은 것을 주려고 합니다. 상국이 엄마는 아이가 적극적으로 놀고 말도 잘할 수 있기를

···● 아이의 잠재력을 이끄는 반응육아법

바라는 마음에 너무 많은 자극을 주었던 것이죠. 그런데 이는 균형이 맞지 않습니다. 시소는 오르락내리락을 번갈아 하며 놀아야 재미있잖아요? 아이에게 지나치게 많은 자극을 주면 균형이 맞지 않아 한쪽으로 기울어진 시소처럼 재미가 없습니다.

어른들은 이러한 상황을 지금까지 너무 자연스럽게 겪어 왔고, 어떤 문제가 있다고 생각지도 않을 만큼 익숙해져 있습니다. 하지만 어른이 말을 많이 한다고 해서 아이가 잘 반응하는 것은 아니에요. 아이가 반응하는 양은 정해져 있습니다. 엄마가 많이 준다고 해도 그중 일부는 불필요하므로 아이만큼만 말하는 것이 효과적이에요.

아이가 고집과 떼가 너무 심하고, 자기 마음대로 안 되면 울고 짜증을 내요 (28개월, 행동문제)

Q. 궁금해요

28개월 된 여자아이예요. 한 20개월부터 시작된 고집과 떼가 28개월인 지금은 너무 심해요. 조금만 자기 마음대로 안 되면 울고 짜증을 내요. 아이는 나이에 비해 말을 잘해요. 그래서 의사 표현은 뚜렷한 편인데, 자기가 원하는 대로 해주면 "엄마 좋아." 하며 예쁜 짓을 하다가도 마음에 안 들거나 잘못된 점을 아이에게 이야기하려 하면 싫다고 떼를 쓰고 울어 버리며 회피해요. 4개월 된 동생이 있는데, 하루 종일 소리 지르고 우니까 둘째 아이가 제대로 잘 수도 없어요.

달래도 보고, 예쁘다고 칭찬도 하고, 좋아하는 것들을 해주어도 여전히 자기 마음대로 안 되는 상황이 되면 울고 불고 해요. 너무 예뻐만 하고 버릇없이 키워서일까요?

A. 이렇게 해보세요

아동의 발달 과업면에서 보면 첫째 아이는 자기 의지대로 무언가를 하려고 자율성을 발달시키는 나이이고, 주도성이 자라는 시기로 넘어가는 과도기로 보입니다. 자율성 시기는 '내가 하고 싶은 의지'를 자신 있게 표현하는 시기입니다. 아직 사회 규범에 맞게 자기를 조절하고 통제하는 능력(주도성 시기)은 부족합니다. 과도기라고 했듯이 지금 서서히 이러한 규칙과 조절 능력이 발달해 가는 시기입니다.

문제는 첫째 아이가 미처 조절 능력이 자라기 전에 동생이 생기면서 '언니다움, 그리고 제한받고 조절해야함'을 강요받았을지도 모릅니다.

아이는 아직 어려서 규범을 따르기가 힘든데 자율적으로 행한 행동에 제재가 주어지거나 실수한 것에 대해 야단을 맞으면 '엄마로부터 가르침을 받고 있다.'는 생각이 아니라 '엄마는 나를 미워해.'라고 감성적으로 오해할 수 있습니다. 한편으로 동생은 실수도 많고 잘 못하는데 엄마로부터 전폭적인 사랑을 받고 있다고 생각할지도 모릅니다. 아이들은 단순히 거리상 엄마와 얼마나 밀착되었나, 얼마나 관심을 받는가에 따라 사랑을 가늠합니다.

4개월 된 동생은 보살핌을 위해 엄마가 항상 밀착해 있겠지요. 큰 아이가 자기가 한 것에 대해 엄마로부터 극적 반응을 받지 못한다면, 아이는 다른 '센 것'을 찾을 겁니다. 어쩌면 '밥을 안 먹는 것', '짜증내고 우는 것'에 엄마가 즉각적으로 반응해 주었다면 엄마를 자기에게 가까이 묶어 두기 위한 방법으로 그러한 행동을 했을지도 모릅니다.

아이를 달래 주고, 칭찬해 주고, 좋아하는 것을 해준 것은 좋습니다. 단, 일관성이 있었는지, 가식적이었는지, 또는 전문가들이 좋다고 하는 방법을 일관성 없이 일시적으로 시도해 본 것인지 체크해 보아야 합니다.

먼저 큰아이가 '엄마가 너를 사랑한다.'는 믿음을 갖도록 해주세요. 아이가 느끼기에 '엄마는 일관되게 내가 원하는 것을 해주고, 내가 하는 것을 받아 줘.'라는 믿음이 있어야 합니다. 아이는 엄마를 힘들게 하는 행동을 하는 것이 아니라, 자신을 표현하고 있는 것입니다. 아이 방식대로 말입니다. 이것을 왜곡된 방식이 아니라 긍정적 방식으로 표현하도록 해야 합니다.

먼저 일부러 큰아이를 안아 주고 아이 말에 그대로 대꾸하고 반응해 주세요. 작은아이를 안아 주고 관심을 주는 만큼 큰아이에게 해주세요. 꼭 잘한 행동이 아니더라도 일부러 자주 표현해 주세요.

●●● 아이의 잠재력을 이끄는 반응육아법

동생이 태어나면서부터 아이가 공격적으로 변했어요

(32개월, 행동문제)

Q. 궁금해요

32개월 여아입니다. 지금 7개월인 동생이 태어난 뒤부터 스트레스를 받아서인지 다소 공격적으로 변했어요. 예전에는 어린이집에서 다른 아이들에게 장난감을 빼앗겼는데 요즘은 일부러 다른 아이 것을 뺏는다고 해요. 잘 놀다가도 가끔씩 이를 악물며 얼굴 표정이 변하는데(공격적으로) 이런 현상을 어떻게 고쳐 줘야 할까요?

이것이 일시적인 현상인지 아니면 하지 말라고 계속 말해 줘야 하는지 궁금합니다. 동생한테 사랑을 빼앗겼다고 느껴서인 것 같은데 이게 얼마나 지속될지, 그리고 어떻게 대처해야 할까요?

A. 이렇게 해보세요

어머님이 짐작하는 대로 현재 아이의 행동은 1차적으로는 동생처럼 자신도 사랑받고 싶다는 표현으로 보입니다. 어머님 입장에서는 큰아이에게도 사랑을 준다고 생각하겠지만, 저는 아이 입장에서 사랑의 지표를 '거리'로 설명합니다. 즉 어머님이 7개월 된 동생과 함께할 때의 거리와 32개월 된 큰아이와 함께할 때의 거리를 생각해 보세요. 동생은 우유 먹이고 케어하기 위해 밀착해 있을 때가 더 많을 겁니다. 이것을 큰아이는 간과하지 않고 다 체크했을 거예요.

먼저, 어머님이 큰아이에게 '너도 충분히 사랑한다.'는 표현을 해주세요. 아이와의 거리를 좁혀 보라는 겁니다. 자주 안아 주시고 작은아이를 안고 있을 때 큰아이가 옆에 있으면 일부러 "○○야, 이리와, 아이 예뻐!"라고 해주세요.

아이의 바람직하지 않은 행동(?)도 엄마에게 자기를 봐 달라는 일종의 제스처일 수 있습니다. 잘못 대처하면 오히려 관심을 주는 것이니 일단 무시하세요. 아이의 문제 행동(?)은 스스로 조절할 수 있는 능력을 키워 줘야 합니다. 제지하는 어른이 신호가 되어 움직이는 것이 아니라 짜증스러운 상황에서도 스스로 조절시스템을 작동하여 감정을 조절하여 대처할 수 있어야지요. 그러기 위해서는 신뢰관계 형성이 우선입니다. 엄마가 자신을 믿어 주고 이해해 준다는 믿음이 있을 때 엄마가 요구하는 것을 맞추며 조절력을 키워 갑니다. 아이가 엄마에 대한 사랑을 확인하고 확신을 가지면 그다음은 쉬워집니다. 스스로 동생을 챙기고 자신의 사랑을 나눠 줄 겁니다.

아이가 발음이 좀 서툴고 말이 늦은 편인데, 빨리 말을 잘했으면 좋겠어요. (만 3세, 인지언어 발달)

Q. 궁금해요

만 3세 된 남자아이인데, 또래에 비해 발음이 서툴고 말이 좀 늦은 편이에요. 다른 형제들은 이미 대학생과 고등학생이고 이 아이는 늦둥이라 할 수 있지요. 가르쳐 주고 정확히 일러주는데 잘 따라하지 못해요. 아이는 뭔가 자신의 의사를 표현하고 싶어 하는데 사실 '엄마', '아빠'뿐이에요. 빨리 말을 잘했으면 좋겠어요.

O. 상호작용 관찰

민호와 엄마를 관찰하면서 보니 민호가 자발적으로 발성한 것은 "엄마", "아빠"뿐이었어요. 민호는 '엄마, 아빠'라는 소리로 자기 의사를 모두 표현하는 듯했지요. 자기가 하는 것을 봐 달라거나 무언가를 확인할 때도 '엄마, 아빠'라는 말을 자주 사용했습니다.

부모님은 아이와 함께 있을 때 아주 온화한 말투로 "안 되지, 그건 이렇게 하는 거지." 같은 제한하는 말을 많이 했어요.

그리고 자주 "똑바로 말해야지."라며 말을 정확히 교정해 주려고 했습니다. 그때마다 민호는 한 번 더 시도를 하기보다 그대로 입을

닫고 다른 곳으로 가버렸습니다.

한번은 민호가 버스에 인형을 태우려는데 뭔가 못마땅한지 이렇게도 해보고 저렇게도 해보았습니다. 지켜보던 선생님이 인형을 의자에 앉혀 주니 민호가 "아이야." 하는 것이었습니다. 이번에는 다른 인형을 가져다 앉혔는데도 "아이야." 하며 인형을 빼버렸습니다.

선생님이 난감해하고 있을 때 한쪽 옆에 묵묵히 앉아 있던 아빠가 다가와서는 버스 안 인형을 일으켜 세우며 "이렇게?" 하니 민호는 활짝 웃으며 즐거워했습니다. 아빠는 평소 자동차에 타면 자리에서 자꾸 일어서려 했던 민호의 행동이 떠올라 아이의 마음을 읽고 반응해 준 것이 딱 맞아떨어졌던 거예요.

A. 이렇게 해보세요

아이의 말 표현을 늘리고 싶다면 일상에서 자주 '지금' 아이가 하는 말 표현에 반응해 주세요. 영유아기 자녀의 발달을 촉진하는 데 누구보다 중요한 환경은 부모입니다. 그 이유는 크게 세 가지입니다.

첫째, 부모는 자녀에게 적합한 반응을 해줄 수 있습니다. 앞의 아빠처럼 일상에서 아이를 자주 관찰하는 사람이 부모이므로 자기 아이에 대해서는 누구보다 잘 알고, 좋아하는 것과 관심사도 알지요.

둘째, 부모와 자녀는 이미 라포 형성이 이루어져 있어서 다음 단계로 나아갈 준비가 되어 있습니다. 아이들이 어린이집을 다니기 시작하거나 새로운 선생님을 만날 때도 먼저 적응하고 친해지는 기간이 필요한데 이것을 '라포 형성'이라고 합니다. 모든 학습이나 상담에서 효과가 발휘되려면 아이와 선생님 사이에 라포 형성이 먼저 되어야 본격적인 과정으로 들어갈 수 있거든요. 이는 아이가 좋아하는 것과 관심 있어 하는 것을 아는 과정인데, 이것이 바로 학습의 시작이기 때문입니다.

셋째, 아이가 능동적으로 어떤 시도를 했을 때 즉각적으로 주는 피드백은 발달에 중요한 영향을 미칩니다. 아이가 한 행동을 곧바로 격려하고 칭찬해 줄 때 아이는 그런 행동을 반복할 확률이 높아집니다. 영유아기 때는 부모가 옆에서 즉각적으로 반응해 줄수록 발달 효과를 더 크게 높일 수 있다는 사실, 잊지 마세요!

아이가 다른 아이와 잘 어울려 놀지 않아요

(40개월, 사회정서 발달)

Q. 궁금해요

40개월 된 아이예요. 집에서는 잘 노는데 어린이집에서 다른 아이와 잘 놀지 않고 혼자만 논다고 해요. 엄마나 아빠랑 놀 때는 잘 노는데 다른 아이들과 같이 있으면 쳐다보기만 하고 같이 놀지 않습니다. 어떻게 하면 주도적으로, 적극적으로 놀게 할 수 있을까요?

A. 이렇게 해보세요

주도적인 아이로 키우려면 아이의 흥미와 선택을 가치롭게 여겨 주어야 합니다. 혹시 일상에서 아이에게 스스로 할 기회를 주고 있는지, 어른이 다 도와주고 있지는 않은지요. 먼저 아이가 적극적으로 하기 위해서는 자신이 생각한 것 그리고 좋은 것을 거침없이 표현할 수 있어야 합니다. 그러기 위해서는 일상에서 자주 아이가 선택하는 것, 아이가 현재 하는 것에 어머니가 관심을 가지고 놓치지 않고 그때마다 따라 주고 격려해 주는 겁니다. "엄마가 해줄게 봐봐."라든가, "아니 그건 이렇게 하고." 하며 엄마가 정정해 주거나

"이렇게 해, 이거 해." 하며 시키는 것은 엄마 주도입니다. 엄마가 먼저 지시하고 엄마 주도에 따르도록 하면 아이의 수동성을 키우게 됩니다. 그리고 아이는 주도할 기회를 가지지 못합니다. 모든 것에는 처음이 있지요. 서툰 처음이 있어서 숙련의 끝이 있습니다.

이제 40개월 된 아이가 하는 수행이니 어른만큼의 완성도를 기대할 수 없습니다. 아이의 발달 수준을 이해하고 무엇이든 아이가 시작하는 것을 많이 부추겨 주세요. 예를 들어 아이가 선택한 장난감, 아이가 하는 말투를 그대로 인정하고 함께해 주세요. 그리고 아이가 노는 방식을 그대로 인정해 주세요. 가령 놀이 방법이 원래 목적과 다르더라도 올바른 방법을 알려주려 하지 말고 그대로 "아, 이렇게 하는 거구나." 하며 공감해 주고 이해해 주세요. 그러면서 아이는 자신감, 유능감을 키우고 자신이 주도해 보려 할 것입니다.

일상에서 사소한 일들에 상호작용하며 자주 적용해 보세요. 일상에서 자주 반응적으로 상호작용할 때 아이의 주도성이 자랍니다.

아이가 엄마를 싫어하는 것 같아요. 지금이라도 신뢰를 쌓고 주도적인 아이로 키울 수 있을까요?

(만 4세, 사회정서 발달)

Q. 궁금해요

우리 아이는 지금 만 4세예요. 그런데 어렸을 때 제가 많이 윽박지르고 소리를 지르며 키웠어요. 그래서인지 지금 저를 무척 어려워하고 거리감을 느끼는 것 같아요. 민감 시기는 지난 것 같은데 지금이라도 아이와 신뢰를 쌓고 자신감 있는 아이로 키울 수 있을까요?

A. 이렇게 해보세요

발달심리학에서는 아이들의 발달에 중요한 영향을 미치는 시기를 민감시기(sensitive period)라 합니다. 쉽게 말하면 민감 시기란 최소 투자로 최대 효과를 가져오는 시기라 할 수 있습니다. 한편 결정적 시기(critical period)도 있는데 이는 발달에 치명적 영향을 미치는 것을 말합니다. 예를 들어, 결론부터 말하자면 발달에서 말하는 민감 시기는 동물에게 적용되는 결정적 시기와는 다르지요. 새들은 알에서 깬 지 9시간 동안 노출된 대상에게 애착을 형성하고 어미로 여겨 일생을 추종하게 됩니다. 그러나 사람은 애착이 형성

••• 아이의 잠재력을 이끄는 반응육아법

되는 민감 시기에 부득이 부모와 많은 시간을 함께하지 못해도 이후 애착 형성이 불가능하지는 않습니다. 이를 테면, 신뢰감을 형성하는 민감 시기인 1세 미만에는 원래 발달 과업대로 그대로 돌봐주고 기저귀를 갈 때나 수유를 할 때 웃어 주면 됩니다. 이러한 과정에서 그대로 애착이 형성되고 서로 간의 강한 정서적 유대감이 생기지요. 그러나 이 시기에 이러한 기회와 경험이 없었다면 이후 시기에 애착을 형성하려면 좀 더 많은 노력이 필요하지요. 그러나 새처럼 전혀 애착 형성이 불가능하진 않아요. 단, 신뢰가 깨졌으니 회복하려면 먼저 깨진 신뢰 구간을 채우는 시간과 노력이 더 필요한 것이에요.

우리는 한두 번 해보고 '내가 이렇게 하는데, 왜 넌 나에게 안 웃니?'라고 조바심을 가지는데, 조금 더 기다려 주는 인내가 필요합니다. 아이와 민감 시기에 적절한 반응을 하지 못했다면 지금은 메우는 시간이 필요합니다. 패인 곳이 메워져야 그때부터 쌓을 수 있잖아요.

열심히 놀아 주는데 아이가 말을 하지 않아요

(만 4세, 인지언어 발달)

Q. 궁금해요

만 4세 된 여자아이예요. 아이가 놀 때 다가가 같이 놀아 주려고 하면 아이는 등을 돌려버려요. 저랑은 말도 안 하고 질문을 해도 대답이 없어요. 저를 싫어해요. 저는 아이를 때리지도 않는데도 말이에요. "지렁이같이 생겼네? 이거 다 떨어지네? 두 개네?", "어, 낚싯대네? 엄마가 이거 한 번 도와줄까? 이렇게 하는 거야.", "이거 꽂게네. 꽂게 잡아 볼까?"라고 이야기했습니다. 아이는 그저 대답 없이 장난감 쪽만 보고 혼자 놀고 있었습니다.

A. 이렇게 해보세요

학습을 잘하기 위해 어떻게 가르쳐야 하는지, 또 어떤 것을 주면 똑똑해지는지를 고민하기 전에 먼저 아이가 부모와 함께 오래 머물러 있는가를 체크해야 합니다. 부모들은 '아이와 잘 놀아 준다.'는 표현에 대한 진실(?)을 이해해야 합니다. 아이의 특성을 이해할 필요가 있는데, 우선 아이는 어른보다 느립니다. 또한 아이들은 태어날 때부터 창의적(?)이어서 세상에 대한 해석도 다양합니다. 아이들의 세계가 있지요. 아이가 놀이할 때 말이 없다고 해서 절대 아무 생각이 없지 않습니다. 아이들이 생각하는 과정에는 소리가 나지 않습니다. 부모는 소리가 없으면 아무것도 하고 있지 않다고 생각하는데, 착각에 불과합니다. 아이들은 뭔가를 계속 하고 있는 중입니다.

엄마는 아이와 놀아 주고 있다고 하지만 상호작용을 한다고 볼 수 없고, 사실상 함께 놀아 주었다고 할 수도 없습니다. 그저 엄마 혼자 말만 했을 뿐이지요. 엄마들은 아이와 함께 있고 아이의 장난감을 만지는 것만으로 '아이와 놀아 주었다.'라고 표현합니다. 하지만 함께 무엇을 했다는 것은 상호작용 과정을 거쳐야 합니다. 엄마는 아이에게 무엇을 질문하고는 답변을 하기도 전에 금세 '아이가 못하는 것은 아닐까, 아이가 모르는 것은 아닐까?' 하며 다른 것을 하자고 이끌지요.

아이들은 자꾸 뭔가를 하라고 시키는 어른과는 함께하고 싶지 않지요. 그래서 그 자리를 떠나 버리고 말아요. 아이가 부모와 함께하지 않는다면, 무엇을 가르칠 수 없고 또 설령 가르친다고 해도 아무 의미가 없어요. 주고받는 상호작용이 없다면 학습은 이루어지지 않으니까요. 아이에게 새로운 좋은 자극과 방법을 알려 주고 잘 가르치고 싶다면 먼저 아이와 함께하며 주고받는 상호작용을 잘해야 합니다. 부모가 하나 주었다면 아이가 반응할 때까지 기다려 주세요. 그리고 아이가 한 가지 반응을 하면 부모도 한 가지 반응만 보여 주세요.

아이가 말을 더듬어요. 말을 바로잡아 주면 더 더듬는 것 같아요 (만 4세, 인지언어 발달)

Q. 궁금해요

만 4세가 된 준호는 말이 좀 늦고 수줍음을 타는 아이예요. 준호가 말만 좀 잘하면 좋겠다 싶어 매일 단어 카드를 보여 주며 놀았어요. 엄마는 준호가 자동차만 좋아해서 집에는 자동차를 비롯하여 아기 수준의 장난감들은 모두 치워 버리고 대신 만 4세 수준의 나무 블록 놀잇감(은물)과 책만 두었어요. 그런데 최근에 준호가 말이 늘기는커녕 서툰 발음으로 말을 더듬기까지 하는 거예요. 최근에 발달 검사를 해보니 준호의 언어 능력은 만 2세 6개월 정도 수준이래요.

O. 상호작용 관찰

준호는 처음에 보았을 때 거의 말을 하지 않고 선생님을 보고 미소만 지었어요. 말을 시키면 엄마 뒤로 숨어 버리며 아무 말도 하지 않았어요. 심지어 놀이방에는 많은 장난감이 있는데도 관심이 없는 듯 바닥에 뒹굴거나 비비적거리기만 했어요. 게다가 부모는 어른의 언어 수준대로 준호에게 말을 했어요. 준호가 "엄마 싫어." 하면 "엄마가 그렇게 미워?"라고 대꾸했고, "문 먹어." 하면 "문을 어떻게 먹어."라고 대꾸했어요. 그리고 "아빠 먹어." 하면 "왜 너는 먹지도 못하는 것을 먹으라고 해."라고 대꾸했지요.

A. 이렇게 해보세요

아이에게 뭔가를 제시하고 억지로 반복해 익히게 하고 싶더라도 스스로 해보려 하지 않는다면 무슨 소용이 있을까요? 준호는 지금 2세 6개월 수준의 놀이와 말이 편한데, 가지고 놀 만한 장난감이 집에 없다 보니 바닥에 뒹굴기만 했던 것이지요.

아이와 주고받는 상호작용을 만들려면 먼저 아이가 할 수 있는 방식대로 함께 놀아 주어야 합니다. 처음에는 준호와 함께 뒹굴기 놀이를 하면서 준호와 상호작용을 만들어 갔어요. 준호가 "엄마!" 하면 그대로 "엄~마~!" 하면서 준호의 말 방식대로 반응해 주었지요. 처음에 준호가 스스로 내놓는 말은 '엄마, 아빠, 할머니, 먹어, 싫어' 등과 같은 한 단어 말이었습니다. 그러다 점차 단어를 조합하여 두 단어 말로 전보식 대화(*전치사나 동사를 빼고 중요한 단어만 나열하기 때문에 마치 전보와 같다 하여 이러한 명칭이 붙음)를 했습니다. 준호는 언어 발달 과정에서 발생하는 단어의 과잉일반화 현상을 나타낸 것입니다. 준호는 '싫어', '먹어'라는 표현의 과잉일반화를 보인 거예요. 엄마는 준호가 언어 발달이 느린 줄 알면서도 현재 나이 수준이나 때로는 그보다 발달이 뛰어난 아이들을 기준으로 비교했습니다. 그러다 보니 엄마가 요구하는 단어는 준호에게는 불가능한 수준이었던 것입니다.

자신에게 불가능한 수준의 것을 해보라고 요구하면 아이는 '넌 할 수 없어'라고 강요하는 것처럼 느낍니다. 예를 들어 다리에 깁스를 하고 있는 아이에게 빨리 달리라고 요구하는 것과 같은 상황이지요. 이를 두고 부모가 '말을 안 들었다, 하라는 대로 하지 않는다'고 표현하는 것은 불합리하지요.

준호와 선생님이 했던 '먹어' 말놀이 상황을 보면 준호가 현재 잘할 수 있는 두 단어 수준으로 반응해 주었을 때 엄마가 원했던 단어 연습을 오래 지속할 수 있었습니다. 이후에 준호는 자신감이 생겨서 자발적으로 대화를 시도하는 상황이 많아졌습니다. 어느 날 준호가 선생님에게 "도넛 먹어."라고 말하자, 선생님도 "도넛 먹어."라고 말하고, 다시 준호는 "선생님, 도넛 좋아해? 난 좋아해."라고 자연스럽게 대화 문장을 이어갔습니다. 우리는 아이가 '도넛'이라고 제시하면 "도넛 좋아해? 도넛 먹을까?"라며 여러 단어를 제시하거나 설명하려고 합니다. 그런데 아이의 능력을 다음 단계로 높이고 싶다면 현재 아이의 발달 수준에 맞추어 적합한 반응을 보이며 상호작용해 보세요. 아이는 스스로 자신의 능력을 반복해서 실행할 것입니다. 결코 발달 능력이 준비되지 않은 선행과제를 하도록 요구하지 마시고요.

엄마의 말을 잘 들으면 보상을 주는 방식으로 아이들을 키웠어요. 이런 방법도 괜찮나요? (만 5세, 사회정서 발달)

Q. 궁금해요

만 5세 된 쌍둥이 아이를 키우고 있어요. 사실 너무 힘들어서 소리를 많이 질렀던 것 같아요. 그리고 빨리 해결하려고 아이에게 '○○하면 ○○줄게.' 하며 조건을 걸었어요. 이제는 거꾸로 매사에 아이들이 자꾸 조건을 걸려고 해요. '이거 하면 이거 줄 거야?' 하고요. 괜찮나요, 어떻게 해야 할까요?

A. 이렇게 해보세요

아이 둘을 한 번에 키우느라 많이 힘들고 빨리 통제하고자 소리를 지르기도 했을 겁니다. 그러면 그 순간은 일시적으로 아이들이 두려워서 멈칫하며 어머니의 말에 순종하는 것으로 생각되었을 수 있습니다. 그러나 결국 아이의 행동은 변화되지 않은 채 반복되고 어머니는 또 소리 지르고 죄책감을 가지고 악순환을 반복하고 있는 것입니다. 때때로 우리는 이러한 일시적인 결과를 가지고 효과가 있다고 착각하기도 합니다. 아이들은 식별 학습을 배운 겁니다. 즉, '엄마가 소리를 지른다. → 조금 멈칫하고 유예한다. → 이후 엄마가 진정되면 다시 한다.' 등의 순서로요.

빨간불이 켜지면 서서 기다리고 파란불이 켜지면 안전하다는 신호인 것처럼, 아이들은 엄마의 소리라는 신호를 배운 것입니다. '레몬을 보면 → 침이 나온다.'와 같은 자극-반응 관계가 만들어진 것이지요. 어떤 조건에 꼭 보상이 주어져야 행동이 일어난다면 그 결과를 가져오기 위해서는 꼭 그 보상이 주어져야만 하는 관계가 성립됩니다. 당장의 해결 같지만 악순환이 결국 1년, 2년을 반복되고 있는 것이지요.

어머니는 아이와 일상을 살아야 하니 편해야 합니다. 양육은 한 번 작정해서 사력을 다하면 되는 100m 단거리 달리기가 아닙니다. 따라서 1시간 해방을 위해 모면하는 육아가 아닌 24시간이 편한 육아여야 합니다. 궁극적인 변화가 필요합니다.

행복한 부모, 행복한 아이

부모들은 아이가 아직 어려서 아무것도 할 수 없다고 판단하여 더 많은 자극으로 표현을 이끌어 내려고 합니다. 하지만 아이는 '내가 하고 싶은 방식이 있어요. 내가 고른 장난감으로 엄마와 함께 놀면 좋겠어요. 엄마가 하라는 것은 나한테는 재미없고 어려워요.'라고 생각할 수 있습니다. 결국 부모나 아이나 똑같이 고집을 부리며 자기 생각만을 주장하고 있는 것입니다. 단지 아이는 말이 서툴고 어리기(?) 때문에 잘 표현하지 못할 뿐이에요.

아이가 스스로 배울 능력을 가지고 있다는 사실을 부모가 빨리 깨달아야 합니다. 부모가 욕심을 내려놓고 아이에게 맡기고 기다려 줄수록 아이는 자신의 능력을 자신 있게 꺼내 보이고 결과를 만들어 내지요. 욕심에서 벗어나는 '내려놓기'가 자녀 양육에서도 그대로 적용됩니다.

부모로서 해주지 않으면 안 될 것 같은 아집과 욕심을 버리면 아이는 자기 능력에 가속도를 붙여 눈덩이처럼 몇 배나 큰 능력을 보여 줄 것입니다. 이것이 바로 아이를 주도적이고 창의적으로 키우는 반응적인 부모의 양육 방식입니다. 아이가 뭔가 배우는 것은 자신이 능동적으로 경험하는 학습의 양에 의해 결정되니까요.

반응적인 부모는 아이에게 어떻게 하라고 지시하지 않습니다. 아이는 함께 놀이하는 동안 어른이 먼저 질문하고 무엇을 하라고 요구하는 것을 좋아하지 않으니까요.

아이의 흥미와 관심이 학습의 시작이라고 했습니다. 그러면 어떻게 아이의 흥미와 관심을 알아챌 수 있을까요? 아이의 흥미와 관심을 알기 위해서는 먼저 아이의 눈을 마주 보세요. 아이가 쳐다보고 있는 것에 관심을 보이며 함께 활동해야 아이의 세상을 이해할 수 있습니다. 아이들마다 다 다르고 부모와는 다르게 세상을 바라보고 이해한다는 것을 알게 되지요.

예를 들면, 12개월 된 아이는 블록을 딱딱 두드리며 소리를 내는 도구로 보았다면, 4세 아이는 블록으로 새로운 모형물을 만들어 내지요. 다시 말해 돌 무렵 아이가 이해했던 세상이 4세 아이에게는 새로운 의미로 다가옵니다. 마찬가지로 부모들도 돌 무렵 아이를 이해하는 세상과 4세 아이를 이해하는 세상이 다르다는 사실을 알아야 합니다.

아이는 뭔가 하려고 생각하는 중인데, 부모들은 그 사이 다음 행동을 하며 아이가 왜 반응하지 않는지 질책하기도 합니다. 조금만 기다리면 아이의 의도를 알 수 있을 텐데, 부모는 기다리지 못하고 아이가 아무것도 못한다고 생각해 버립니다. 대부분의 아이들은 어른보다 느리고 행동의 폭도 작아요. 그렇기 때문에 부모들이 아이의 변화를 느끼지 못하는 것뿐입니다. 아이들은 생각하고 있고, 그 생각은 소리가 나지 않을 뿐이에요.

아이는 스스로 시도하고 경험하면서 깨달음을 가집니다. 아이는 자신의 수행, 자신의 계획에 유능감을 가지고 자신감을 키워 갑니다. 그리고 마음껏 자신을 표현하며 다음 단계로 나아가는 힘을 키웁니다.

아이의 잠재력을 이끄는 반응육아법
: 0~7세 자녀를 위한 반응적 부모 코칭

초판 1쇄 펴낸날 2017년 1월 31일 초판 4쇄 펴낸날 2024년 4월 5일

지은이 김정미 편집장 한해숙 편집 신경아 디자인 최성수, 이이환, 최선영
마케팅 박영준, 한지훈 홍보 정보영, 박소현 경영지원 김효순

펴낸이 조은희 펴낸곳 주식회사 한솔수북 출판등록 제2013-000276호
주소 03996 서울시 마포구 월드컵로 96 영훈빌딩 5층
전화 02-2001-5823(편집) 02-2001-5828(영업) 전송 02-2060-0108
전자우편 isoobook@eduhansol.co.kr 블로그 blog.naver.com/hsoobook
인스타그램 soobook2 페이스북 soobook2

ISBN 979-11-7028-124-5 13590

* 책값은 뒤표지에 있습니다.

큐알 코드를 찍어서
독자 참여 신청을 하시면
선물을 보내 드립니다.

한솔수북의 모든 책은
아이의 눈, 엄마의 마음으로 만듭니다.